"十三五"国家重点出版物出版规划项目
高分辨率对地观测前沿技术丛书

主编 王礼恒

机载线阵测绘相机技术

丁亚林 远国勤 郑丽娜 等著

国防工业出版社
·北京·

内 容 简 介

本书系统地介绍机载线阵测绘相机光学、结构、电控、热控、数据记录设备、标定、图像数据处理软件和外场校飞等关键系统的设计方法,重点阐述机载线阵测绘相机总体设计、几何标定、辐射标定、图像数据获取与处理等系统过程中涉及的技术环节及实现方案,并结合相机实例进行了分析。

本书适合航空航天光电载荷研制、摄影测量和信息感知等研究人员使用,也适合于测绘、资源勘探、环境保护、工程管理等行业工程技术人员使用,亦可作为大学高年级本科生和研究生的参考用书。

图书在版编目(CIP)数据

机载线阵测绘相机技术/丁亚林等著 . —北京:
国防工业出版社,2021.7
(高分辨率对地观测前沿技术丛书)
ISBN 978-7-118-12374-6

Ⅰ.①机… Ⅱ.①丁… Ⅲ.①空间照相机 Ⅳ.
①TB852.19

中国版本图书馆 CIP 数据核字(2021)第 150114 号

※

*国防工业出版社*出版发行
(北京市海淀区紫竹院南路 23 号 邮政编码 100048)
北京龙世杰印刷有限公司印刷
新华书店经售

*

开本 710×1000 1/16 插页 8 印张 11¼ 字数 175 千字
2021 年 7 月第 1 版第 1 次印刷 印数 1—2000 册 定价 88.00 元

(本书如有印装错误,我社负责调换)

| 国防书店:(010)88540777 | 书店传真:(010)88540776 |
| 发行业务:(010)88540717 | 发行传真:(010)88540762 |

丛书学术委员会

主　　任　王礼恒

副 主 任　李德仁　艾长春　吴炜琦　樊士伟

执行主任　彭守诚　顾逸东　吴一戎　江碧涛　胡　莘

委　　员　(按姓氏拼音排序)

　　　　　白鹤峰　曹喜滨　陈小前　崔卫平　丁赤飚　段宝岩
　　　　　樊邦奎　房建成　付　琨　龚惠兴　龚健雅　姜景山
　　　　　姜卫星　李春升　陆伟宁　罗　俊　宁　辉　宋君强
　　　　　孙　聪　唐长红　王家骐　王家耀　王任享　王晓军
　　　　　文江平　吴曼青　相里斌　徐福祥　尤　政　于登云
　　　　　岳　涛　曾　澜　张　军　赵　斐　周　彬　周志鑫

丛书编审委员会

主　编　王礼恒

副主编　冉承其　吴一戎　顾逸东　龚健雅　艾长春
　　　　彭守诚　江碧涛　胡　莘

委　员　(按姓氏拼音排序)
　　　　白鹤峰　曹喜滨　邓　泳　丁赤飚　丁亚林　樊邦奎
　　　　樊士伟　方　勇　房建成　付　琨　苟玉君　韩　喻
　　　　贺仁杰　胡学成　贾　鹏　江碧涛　姜鲁华　李春升
　　　　李道京　李劲东　李　林　林幼权　刘　高　刘　华
　　　　龙　腾　鲁加国　陆伟宁　邵晓巍　宋笔锋　王光远
　　　　王慧林　王跃明　文江平　巫震宇　许西安　颜　军
　　　　杨洪涛　杨宇明　原民辉　曾　澜　张庆君　张　伟
　　　　张寅生　赵　斐　赵海涛　赵　键　郑　浩

秘　书　潘　洁　张　萌　王京涛　田秀岩

序 言

高分辨率对地观测系统工程是《国家中长期科学和技术发展规划纲要（2006—2020年）》部署的16个重大专项之一，它具有创新引领并形成工程能力的特征，2010年5月开始实施。高分辨率对地观测系统工程实施十年来，成绩斐然，我国已形成全天时、全天候、全球覆盖的对地观测能力，对于引领空间信息与应用技术发展，提升自主创新能力，强化行业应用效能，服务国民经济建设和社会发展，保障国家安全具有重要战略意义。

在高分辨率对地观测系统工程全面建成之际，高分辨率对地观测工程管理办公室、中国科学院高分重大专项管理办公室和国防工业出版社联合组织了《高分辨率对地观测前沿技术》丛书的编著出版工作。丛书见证了我国高分辨率对地观测系统建设发展的光辉历程，极大丰富并促进了我国该领域知识的积累与传承，必将有力推动高分辨率对地观测技术的创新发展。

丛书具有3个特点。一是系统性。丛书整体架构分为系统平台、数据获取、信息处理、运行管控及专项技术5大部分，各分册既体现整体性又各有侧重，有助于从各专业方向上准确理解高分辨率对地观测领域相关的理论方法和工程技术，同时又相互衔接，形成完整体系，有助于提高读者对高分辨率对地观测系统的认识，拓展读者的学术视野。二是创新性。丛书涉及国内外高分辨率对地观测领域基础研究、关键技术攻关和工程研制的全新成果及宝贵经验，吸纳了近年来该领域数百项国内外专利、上千篇学术论文成果，对后续理论研究、科研攻关和技术创新具有指导意义。三是实践性。丛书是在已有专项建设实践成果基础上的创新总结，分册作者均有主持或参与高分专项及其他相关国家重大科技项目的经历，科研功底深厚，实践经验丰富。

丛书5大部分具体内容如下：**系统平台部分**主要介绍了快响卫星、分布式卫星编队与组网、敏捷卫星、高轨微波成像系统、平流层飞艇等新型对地观测平台和系统的工作原理与设计方法，同时从系统总体角度阐述和归纳了我国卫星遥感的现状及其在 6 大典型领域的应用模式和方法。**数据获取部分**主要介绍了新型的星载/机载合成孔径雷达、面阵/线阵测绘相机、低照度可见光相机、成像光谱仪、合成孔径激光成像雷达等载荷的技术体系及发展方向。**信息处理部分**主要介绍了光学、微波等多源遥感数据处理、信息提取等方面的新技术以及地理空间大数据处理、分析与应用的体系架构和应用案例。**运行管控部分**主要介绍了系统需求统筹分析、星地任务协同、接收测控等运控技术及卫星智能化任务规划,并对异构多星多任务综合规划等前沿技术进行了深入探讨和展望。**专项技术部分**主要介绍了平流层飞艇所涉及的能源、囊体结构及材料、推进系统以及位置姿态测量系统等技术,高分辨率光学遥感卫星微振动抑制技术、高分辨率 SAR 有源阵列天线等技术。

丛书的出版作为建党 100 周年的一项献礼工程,凝聚了每一位科研和管理工作者的辛勤付出和劳动,见证了十年来专项建设的每一次进展、技术上的每一次突破、应用上的每一次创新。丛书涉及 30 余个单位,100 多位参编人员,自始至终得到了军委机关、国家部委的关怀和支持。在这里,谨向所有关心和支持丛书出版的领导、专家、作者及相关单位表示衷心的感谢!

高分十年,逐梦十载,在全球变化监测、自然资源调查、生态环境保护、智慧城市建设、灾害应急响应、国防安全建设等方面硕果累累。我相信,随着高分辨率对地观测技术的不断进步,以及与其他学科的交叉融合发展,必将涌现出更广阔的应用前景。高分辨率对地观测系统工程将极大地改变人们的生活,为我们创造更加美好的未来!

王礼恒

2021 年 3 月

前言

自2000年国际上首次推出ADS40机载线阵测绘相机以来,经过近二十年的技术发展和推广应用,线阵测绘相机取得了巨大进步,具有基高比大、数据获取效率高、航向100%重叠和图像连续等优点,特别是近年来随着线阵探测器、姿态位置测量系统等相关技术的快速发展及日益成熟,国外机载线阵测绘相机实现了从第一代ADS40向第二代ADS80、第三代ADS100的发展,具体体现在分辨率、几何精度、数据获取效率等方面进一步提升,数据处理流程更加自动化等。

中国科学院长春光学精密机械与物理研究所联合武汉大学、解放军信息工程大学、中国科学院西安光学精密机械研究所、中国电子科技集团公司第五十二研究所、黑龙江鸿业远图公司等单位经过8年的联合攻关,在国家"高分辨率对地观测系统"重大专项航空系统总体部的支持下,突破了机载线阵测绘相机研制过程中的一系列关键技术,研制了具有自主知识产权的大视场三线阵立体航测相机。该相机具有高分辨、宽收容、数据处理自动化程度高等特点。校飞数据表明:技术指标优于国际第三代同类产品,极大推动了我国航空摄影测量技术发展。

本书对机载线阵测绘相机技术进行了全面、系统的介绍。内容涵盖机载线阵测绘相机参数计算,关键元器件选取,总体设计,光学、机械、电学、热控、存储、系统设计方案以及高精度几何标定、辐射标定、数据处理、外场校飞等技术环节的设计方法及实现方案,全景式再现了机载线阵测绘相机的技术细节和研制流程,对于相关领域专业人员了解机载线阵测绘相机相关技术具有较好的参考价值。

本书共分为12章:第1章由丁亚林撰写;第2章由远国勤、丁亚林撰写;第

3 章由远国勤、丁亚林、郑丽娜撰写;第 4 章由姚园、刘学吉撰写;第 5 章由丁亚林、孙建军、远国勤、宋来运撰写;第 6 章由郑丽娜、张赫、李彬、张壮撰写;第 7 章由郑丽娜、丁亚林、李昕阳、孙建军撰写;第 8 章由远国勤撰写;第 9 章由郭红卫撰写;第 10 章由段岩松、孙琪撰写;第 11 章由谢谦撰写;第 12 章由丁亚林、远国勤撰写。

受限于作者写作水平,加之时间紧迫,书中难免存在一些疏忽或不妥之处,敬请广大同行和读者批评指正。

作　者

2021 年 1 月

目 录

第1章 绪论 ··· 1
- 1.1 航空相机的分类 ··· 1
  - 1.1.1 航空侦察相机 ·· 1
  - 1.1.2 航空测绘相机 ·· 2
- 1.2 国外航空测绘相机发展现状 ·· 4
  - 1.2.1 三线阵测绘相机发展现状 ·· 5
  - 1.2.2 面阵测绘相机发展现状 ·· 6
  - 1.2.3 面阵倾斜测绘相机发展现状 ··································· 10
- 1.3 国内航空测绘相机发展现状 ·· 10
  - 1.3.1 三线阵测绘相机发展现状 ······································ 10
  - 1.3.2 面阵测绘相机发展现状 ·· 12
- 1.4 航空测绘相机发展趋势 ·· 13

第2章 机载线阵测绘相机总体技术 ·· 15
- 2.1 线阵测绘相机总体概述 ·· 15
- 2.2 机载线阵测绘相机组成 ·· 16
- 2.3 机载线阵测绘相机工作原理及流程 ····································· 18
- 2.4 机载线阵测绘相机主要数据产品 ·· 19

第3章 机载线阵测绘相机指标分析与总体设计计算 ·························· 21
- 3.1 相机总体方案设计 ·· 22
- 3.2 探测器参数计算 ··· 23
  - 3.2.1 探测器参数 ··· 23
  - 3.2.2 探测器拼接 ··· 25

3.3	相机焦距计算	27
3.4	相机视场角及交会角计算	28
3.5	基高比计算	29
3.6	传递函数计算	30
3.7	机载线阵测绘相机测绘精度分析	30
3.8	相机的速高比适应性分析	32
3.9	内方位元素标定	33
3.10	辐射标定	33
3.11	温度、压力、工作距离等对相机性能的影响分析	33
	3.11.1 温度对相机成像质量的影响	34
	3.11.2 大气压力对相机成像质量的影响	34
	3.11.3 照相距离对相机成像质量的影响	34
3.12	像移量分析	35

第4章 机载线阵测绘相机光学系统 38

4.1	机载线阵测绘相机光学系统结构形式选取	38
4.2	机载线阵测绘相机光学系统设计	40
4.3	像质评价	41
4.4	光学系统温度、气压和目标距离适应性分析	44
	4.4.1 温度适应性分析	44
	4.4.2 气压适应性分析	46
	4.4.3 工作距离适应性	48
4.5	透过率及杂光	48
4.6	公差要求	49

第5章 机载线阵测绘相机结构分系统 50

5.1	设计约束	50
5.2	结构系统组成	51
5.3	材料选择	52
5.4	镜头组件设计	53
	5.4.1 光学界面选择	54
	5.4.2 温度间隙设计	55
	5.4.3 透镜安装	55

  5.4.4　AMS-3000 相机镜头结构设计 ………………………………… 56
 5.5　焦平面组件 …………………………………………………………… 57
 5.6　镜头气密组件 ………………………………………………………… 59
 5.7　热控组件 ……………………………………………………………… 60
 5.8　IMU 组件 ……………………………………………………………… 63
 5.9　控制柜结构设计 ……………………………………………………… 64
 5.10　工程分析 …………………………………………………………… 65

第 6 章　机载线阵测绘相机电控分系统 …………………………………… 69
 6.1　电控分系统组成 ……………………………………………………… 69
 6.2　主控子系统 …………………………………………………………… 70
  6.2.1　成像控制 ……………………………………………………… 71
  6.2.2　时间控制 ……………………………………………………… 74
  6.2.3　协调子系统 …………………………………………………… 75
 6.3　本控子系统 …………………………………………………………… 76
 6.4　POS 子系统 …………………………………………………………… 77
 6.5　数据记录子系统 ……………………………………………………… 79
 6.6　时统子系统 …………………………………………………………… 80
 6.7　高速图像输出子系统 ………………………………………………… 80
 6.8　探测器子系统 ………………………………………………………… 81
 6.9　稳定平台子系统 ……………………………………………………… 83

第 7 章　机载线阵测绘相机热控分系统 …………………………………… 84
 7.1　设计原则 ……………………………………………………………… 84
 7.2　被动热控 ……………………………………………………………… 85
  7.2.1　包覆隔热层 …………………………………………………… 85
  7.2.2　表面黑色阳极氧化处理 ……………………………………… 86
  7.2.3　光机结构材料匹配 …………………………………………… 86
  7.2.4　相变热控 ……………………………………………………… 86
 7.3　主动热控 ……………………………………………………………… 87
  7.3.1　模拟型温度传感器 …………………………………………… 88
  7.3.2　基于热二极管的传感器 ……………………………………… 88
  7.3.3　电阻型传感器 ………………………………………………… 88

  7.3.4 热电偶传感器 ································· 88
  7.3.5 数字型温度传感器 ····························· 89
 7.4 热控设计 ······································ 89
 7.5 热仿真分析 ···································· 92
  7.5.1 高温工况分析结果 ····························· 92
  7.5.2 0℃工况分析结果 ······························ 94
  7.5.3 低温工况分析结果 ····························· 96
  7.5.4 分析结论 ··································· 96

第8章 机载线阵测绘相机几何及辐射标定 ················ 99

 8.1 机载线阵测绘相机几何标定 ······················ 99
  8.1.1 测绘相机内方位元素标定技术 ··················· 99
  8.1.2 测绘相机外方位元素标定技术 ·················· 101
 8.2 机载线阵测绘相机辐射标定 ····················· 103
  8.2.1 辐射定标工作内容和流程 ····················· 104
  8.2.2 相对辐射定标系数 ··························· 105
  8.2.3 重复性及稳定性测试 ························· 106
  8.2.4 动态范围和信噪比测试 ······················· 106
  8.2.5 响应线性测试 ······························ 106

第9章 相机数据记录设备 ····························· 107

 9.1 系统组成 ····································· 107
 9.2 主要功能 ····································· 111
 9.3 工作方式及原理 ······························· 112
  9.3.1 多路数据同步采集记录 ······················· 112
  9.3.2 实时数据转发与快视 ························· 113
  9.3.3 多源(多载荷)数据统一管理 ·················· 113
  9.3.4 多用户高速并发数据访问控制 ·················· 114
  9.3.5 数据回放工作原理 ··························· 115

第10章 机载线阵测绘相机图像数据处理系统 ············ 116

 10.1 三线阵相机几何基础 ·························· 119
 10.2 三线阵相机图像数据内容 ······················ 120

10.2.1 相机参数 …… 120
10.2.2 影像数据 …… 121
10.2.3 POS 数据 …… 122
10.3 三线阵相机图像数据处理原理 …… 122
10.3.1 坐标系统 …… 122
10.3.2 POS 解算外方位参数 …… 125
10.3.3 三线阵相机检校 …… 126
10.3.4 三线阵影像纠正 …… 128
10.3.5 三线阵三维点投影 …… 132
10.3.6 三线阵前方交会 …… 135
10.3.7 三线阵区域网平差 …… 136
10.4 三线阵相机数据处理系统 …… 140
10.4.1 数字摄影测量系统 …… 141
10.4.2 像素工厂 …… 143
10.4.3 高分辨率遥感影像数据一体化测图系统 …… 145
10.4.4 数字摄影测量工作站 …… 147
10.4.5 数字摄影测量网络 …… 149

第 11 章 机载线阵测绘相机外场校飞 …… 153

11.1 运输 …… 153
11.2 日常维护 …… 153
11.3 机载测绘相机的机上安装 …… 154
11.3.1 机上安装基本技术要求 …… 154
11.3.2 GPS 机上安装技术要求 …… 154
11.3.3 相机本体机上安装技术要求 …… 154
11.3.4 稳定平台机上安装技术要求 …… 155
11.4 机上标准测试流程和方法 …… 155
11.4.1 机上安装检查 …… 155
11.4.2 通电检查 …… 156
11.5 航空摄影 …… 156
11.5.1 一般航摄任务流程 …… 156
11.5.2 航空摄影技术要求 …… 157
11.5.3 航摄现场快速数据预处理检查 …… 158

第 12 章　飞行案例 ································· 159
12.1　飞行前准备 ································· 159
12.2　数据获取流程 ······························ 160
12.3　数据处理 ····································· 161

参考文献 ··· 166

第1章 绪 论

1.1 航空相机的分类

星载相机几乎可以获取全球的地面图像,但受限于体积、重量、焦距和轨道高度,目前地面分辨率最高在米级范围,实时性和机动性也受到一定限制,难以满足应急对地观测任务要求。而航空相机装载在通用的航空平台上,可快速、机动获取高分辨率地面图像,具有价格低廉、机动灵活、高效快速、分辨率高等特点,更符合我国国情和国民经济领域的需求。航空相机作为航空遥感器的主要载荷形式之一,广泛用于资源普查、地形测绘、军事侦察等领域。航空相机按成像介质可分为胶片返回型和电荷耦合器件(Charge Coupled Device,CCD)/互补金属氧化物半导体(Complementary Metal Oxide Semiconcluctor,CMOS)数字(或数码)传输型两类;按成像方式可分为推扫式、画幅式和全景式(摆扫式)相机;按用途可分为航空侦察相机和航空测绘相机等。

1.1.1 航空侦察相机

航空侦察相机可在高空远距离获取地面信息,具有时效性强、分辨率高和地面收容宽等优点。航空侦察相机得到世界各国普遍重视和大力发展,已成为基于航空平台对地面目标实施侦察与监视的主要手段之一。

世界发达国家(如美国、英国等)早在20世纪初就开始研制以胶片为信息载体的航空侦察相机。早期的航空侦察相机焦距较短、载片量小、画幅窄、地面分辨率低。20世纪70年代,随着科学技术的发展和各类应用对航空侦察相机的需求牵引,长焦距、大载片量、宽画幅、高地面分辨率的航空侦察相机相继面世,一些先进国家的胶片型相机已经发展到相当高的水平。20 世纪 80 年代,CCD/CMOS 探测器技术的日益成熟,发达国家开始研发 CCD/CMOS 实时传输型相机,至今已发展至很高的水平,且仍在迅速发展。胶片型相机分辨率高,实时性差;CCD/CMOS 传输型相机分辨率已接近或达到胶片型相机水平,且实时性强。目前传输型相机已成为主要发展类型,并将在绝大部分应用领域逐渐替代胶片型相机。

1.1.2 航空测绘相机

航空测绘是高效获取区域遥感信息的重要技术手段,在区域地理信息系统(GIS)建设、生态资源调查、灾害监测、矿产评估等方面发挥重要作用。与星载光学测绘相比,航空测绘相机在成像分辨率、测绘精度、信噪比、辐射特性测量、测绘成本、操作灵活性等方面具有较大优势。随着经济和社会的发展,航空测绘任务需求大幅增加,所涉及的行业领域也由测绘应用向林业、农业、电力、矿业、环境保护、城市规划等领域不断拓展。同时,用户对测绘相机的细节获取能力、信息内容、可操作性、时效性等方面的要求也越来越高,这对航空测绘相机的性能提出了更为苛刻的要求。

经过近百年的发展,航空测绘相机技术水平已发生质的飞跃,最初的胶片返回型相机已逐渐退出市场,正在被数字传输型相机代替,系统的信息获取能力和数据丰富程度大幅提升。目前的航空测绘相机,主要是线阵和面阵 CCD 多光谱数字相机,且以面阵相机占多数。

1.1.2.1 三线阵测绘相机

三线阵测绘相机具有单镜头和多镜头两种结构形式。多镜头线阵测绘相机由前视、后视和垂直对地 3 个线阵相机组成。3 个线阵相机固联在一起,沿飞行方向推扫成像,这种结构方式较容易实现,缺点是体积、重量较大;单镜头结构形式为在单个镜头中集成对地构成前视、下视及后视的多条探测器,结构紧凑、集成度高,体积、重量较小,缺点是光学系统视场角较大,设计、加工、装调难度大。

机载线阵测绘相机一般采用单镜头的结构形式,结构形式如图 1-1 所示。单镜头线阵测绘相机光轴垂直对地放置,在镜头的焦平面布置 3 组或多组线阵探测器,其中一组布置在焦平面的视场中心,另外两组或多组分别布置在中心探测器组的前部和后部。3 组或多组探测器通过镜头对地物分别成像,形成前视、下视和后视成像组,前后两组成像光线与中间组成像光线分别形成一定的成像角度,该角度称为交会角。交会角越大,基高比越高,但要求镜头的视场角越大,设计难度越大。根据成像光谱的需要,在焦平面的中心附近可布置 RGB 波段和近红外波段的探测器组,以便形成多光谱成像及融合,满足用户对地物成像的不同需求。

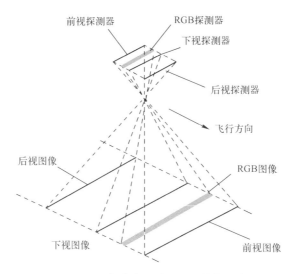

图 1-1　机载线阵测绘相机的结构形式

三线阵测绘相机工作时,放置在三轴稳定平台上,镜头光轴垂直于地面放置。随着载机的飞行,焦平面上布置的探测器借助镜头将地物分时成像在探测器上。三线阵测绘相机的多探测器采用同镜头、共焦平面布置,在航空测绘中具有如下特点:

(1) 多探测器布置在同一个焦平面内,标定容易,精度高,稳定性好。

(2) 基高比大,可达到 0.8 以上,测绘高程精度高。

(3) 镜头的视场角大,作业效率高。

(4) 图像受姿态影响较大,需要高精度的定位定姿系统(Position and Orientation System,POS)定向定位系统配合使用,图像矫正复杂。

(5) 图像连续,无须拼接。

1.1.2.2　面阵测绘相机

面阵测绘相机成像器件选用面阵探测器,相机光轴垂直对地放置或倾斜一定角度放置。相机工作时,随载机前向飞行,相机对地物分幅成像,依据基高比及照相周期,规划飞行方向的重叠率,重叠率为 56%~80%,以保证形成立体像对。

由于探测器像素规模有限,为增大基高比和收容宽度,提高测绘精度与工作效率,面阵测绘相机通常采用多镜头外拼接方法来实现。外拼接就是选用多个参数相同或接近的镜头,中心位置放置一个镜头,在中心镜头的前后左右各布置一个镜头,各镜头光轴平行(或相对中心镜头光轴倾斜一定的角度)。在各镜头焦平面处布置相应的探测器,为确保各探测器获取的影像进行多幅拼接后可形成一整幅图像,各探测器获取像幅与像幅之间应有一定的重叠率,重叠率为8%~12%。

为实现高效、可靠的面阵测绘,镜头组应在进行合理的结构规划和方位元素标定后,方可精准地安装在三轴稳定平台上,中心镜头的光轴应垂直对地放置。当相机发出拍照指令时,各镜头按规划的时序曝光,各焦平面上的探测器有规律地成像;在载机按照任务规划的航线飞行过程中,各镜头按设定的周期对载机航向沿线的地物进行再次拍照,各探测器再次曝光成像。为保证立体测绘,两次曝光周期内形成整幅图像,重叠率不小于56%。

面阵测绘相机采用多镜头外拼接方案,具有如下特点:

(1)相机对地拍照的曝光时间短,受载机姿态影响小,因此图像的保真度高,图像矫正相对容易。

(2)像素规模有限,基高比相对较小,高程精度较低。

(3)多探测器外拼接,标定较为复杂。

(4)像幅与像幅之间的重叠率大,文件数据量大,处理时间长。

1.1.2.3 面阵倾斜测绘相机

面阵倾斜测绘相机是面阵相机测绘应用的延伸,突破了以往正射影像只能从垂直角度拍摄的局限,通过在同一飞行平台上搭载多台传感器,同时从垂直、倾斜等不同的角度采集影像,不仅能够从多个角度反映地物及周边真实情况,提供更丰富的精确地理信息,还可通过先进的定位、融合、建模等技术,生成真实的三维城市模型。该技术在欧美等发达国家和地区已经广泛应用于应急指挥、国土安全和城市管理等行业,在我国也得到了广泛应用。

1.2 国外航空测绘相机发展现状

国外航空测绘相机已有近百年的发展历史,传统的胶片型测绘相机已被数字型测绘相机替代,现已发展至相当高的水平。

国外典型的航空相机制造公司及其主要产品有：

（1）航空线阵测绘相机，如莱卡（Leica）公司的 ADS 系列产品等。

（2）航空面阵测绘相机，如 Vexcel 公司的 UltraCAM 系列产品（UCD、UCX、UCE 等）、Z/I Imaging 公司的 DMC 系列产品等。

（3）航空面阵倾斜相机，如莱卡公司的 RCD-30 系列产品、Vexcel 公司的 UltraCam-Osprey 等。

1.2.1　三线阵测绘相机发展现状

在航空测绘相机中，应用线阵 CCD 的相机最主要的代表是莱卡公司的 ADS 系列产品，如图 1-2 所示。自莱卡公司于 2000 年推出数字测绘相机 ADS40 以来，ADS 系列产品（ADS40、ADS80、ADS100）一直沿用三线阵的设计理念，整机系统性能不断提升，线阵规模不断扩大。

图 1-2　莱卡公司三线阵立体测绘相机 ADS 系列
（a）ADS40；（b）ADS80；（c）ADS100。

ADS 系列产品的性能参数如表 1-1 所列。

表 1-1　ADS 系列航空测绘相机系列产品的技术参数

相机系列		ADS40	ADS80	ADS100
探测器类型		线阵	线阵	线阵
探测器数量		8	12	13
像元数		12000	12000	20000
像元尺寸/μm		6.5	6.5	5
交会角	前视与下视夹角/(°)	26	27	25.6
	后视与下视夹角/(°)	16	14	19
	前视与后视夹角/(°)	42	41	45
1000m 飞行高度像元分辨率/cm		12	10	8

(续)

相机系列		ADS40	ADS80	ADS100
波段/nm	全色	465~680	465~676	无全色波段
	红色	608~662	604~664	619~651
	绿色	533~587	533~587	525~585
	蓝色	428~492	420~492	435~495
	近红外	833~887	833~920	808~882
质量/kg		110±10	210±10	110~120

以 ADS100 为例对国外三线阵测绘相机进行介绍。该系统包括高精度集成的惯性测量单元(IMU)和全球导航卫星系统(Global Navigation Satellite System, GNSS),经处理可以获得高精度位置姿态数据;采用长线阵探测器和单一大孔径焦阑镜头 SH100,采用高精度陀螺稳定平台(PAV100)补偿工作时的飞机姿态变化,同时配备有质量较轻的控制器(CC33)以及存储单元(MM30)。ADS100 的 CCD 像幅宽度为 20000 像元,像元尺寸为 5μm,按照表 1-1 的方式分 3 组排列,3 组扫描线共 13 条 CCD,其中前视组和后视组都是由红(R)、绿(G)、蓝(B)和近红外(N)波段 CCD 组成,下视组由 R、B、N 和一对相互错开半个像素的 G 波段 CCD 组成。ADS100 通过焦平面的前视、下视和后视 3 组 CCD 分别对地面进行连续采样,分别对前视、下视和后视的 R、G、B 和 N 波段信息进行记录,每条线阵都无缝隙地记录航线内所有地面信息,形成连续无缝的影像条带,其最大基高比为 0.76,可满足立体测图对高程测量的要求。

1.2.2 面阵测绘相机发展现状

数字航空测绘设备中,绝大多数测绘相机采用面阵探测器,其中具有代表性的有 Z/I Imaging 公司的 DMC 系列产品和 Vexcel 公司的 UltraCAM 系列产品(UCD、UCX、UCE 等)。典型的面阵测绘相机的主要技术参数如表 1-2 所列。

表 1-2 典型的国外面阵测绘相机的主要技术参数

相 机		DMC II 250		UltraCam-EagleM3	
		全色	多光谱	全色	多光谱
像元数		16768×14016	6096×6400	26460×17004	8820×5668
像元尺寸/μm		5.6	7.2	4.0	4.0
视场角/(°)	航向	38.6	52.0	46.1、37.6、31.6、18.4	
	旁向	45.5	54.2	67.0、55.8、47.6、28.3	

(续)

相机		DMC Ⅱ 250		UltraCam-EagleM3	
		全色	多光谱	全色	多光谱
波段/nm	全色	400~710		390~690	
	红色		590~675		620~690
	绿色		500~650		420~580
	蓝色		400~580		390~470
	近红外		675~850		390~900
探测器数量/个		5		13	
质量/kg		65		68	

DMC Ⅱ 250 属于 DMC 二代相机系列[图 1-3(a)],其航摄系统由相机本体、稳定平台、POS 系统、控制器以及存储单元组成。其镜头采用多镜头拼接设计,如图 1-4 所示,包含 5 个下视镜头:红、绿、蓝和近红外 4 个多光谱镜头以及 1 个高分辨率的全色镜头。4 个多光谱镜头在全色镜头周围环绕排列,主光轴与中心轴线方向平行,多光谱影像与全色影像的覆盖范围相同,但分辨率较低。每个多光谱镜头都有一个专用滤镜。每个多光谱镜头各自使用一个压电驱动快门以进行自动自检校,并且使 5 个相机镜头的曝光时间保持同步。全色镜头有一个红外滤镜,能够过滤掉波长超过 710nm 的光谱。DMC Ⅱ 250 具有高效性能,其较高的帧速率可使得飞机在高速飞行时获取高重叠度和高分辨率的数据(飞行速度 237kn[①] 时,可保证 80% 的航向重叠和 10cm 分辨率);1∶3.2 的全色/多光谱分辨率比率可获得色彩质量较高的 RGB 和 NIR 影像;其较长的焦距和较小的像元尺寸可保证在 2000m 的飞行高度获取 10cm 地面分辨率的高分辨率影像;0.28 的基高比使得在立体测图时具有更高精度;下视整体式全色镜头可保证较高的色彩质量和几何质量。

图 1-3 DMC 系列航空面阵测绘相机
(a) DMC Ⅱ 250 ;(b) DMC Ⅲ。

---

① kn:航速"节"的单位符号,1kn=1.852km/h。

图 1-4 DMC Ⅱ 250 镜头外观

DMC Ⅲ 为 DMC 的第三代相机系列(图 1-3(b)),是在被莱卡公司收购后研发的新型相机,各方面性能与 DMC Ⅱ 相比均有较大提升。据莱卡公司称,DMC Ⅲ 针对航空应用设计的全新 CCD 传感器,能够提供 25728 像素(旁向)× 14592 像素(航向)的最大幅宽,相比当前市面上的其他相机提高约 25%。值得一提的是,DMC Ⅲ 具有专业的像移补偿功能,其单片传感器具有超高的影像质量和几何精度。

图 1-5 所示为 UltraCam 系列产品的 UltraCamD(UCD)、UltraCamXp(UCXp) 和 UltraCamEagle(UCE)。UCD 数码航空摄像机系统由传感器单元(SU)、存储计算单元(SCU)、移动存储单元(MSU)、空中操作控制平台、地面后处理系统软件包等部分构成。UCD 的传感器单元由 8 个高质量光学镜头组成,其中 4 个全色波段镜头沿航向等间距顺序排列、4 个多光谱镜头对称排列在全色镜头两侧。

  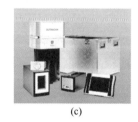

(a) (b) (c)

图 1-5 UltraCam 航空面阵测绘相机系列
(a) UCD;(b) UCXp;(c) UCE。

为了获取大幅面中心投影的影像,UCD 在每个镜头焦平面上精确布置了不同数量的 CCD 面阵:全色波段 4 个镜头对应呈 3×3 矩阵排列的 9 个 CCD 面阵,其中主镜头对应 4 角的 4 个 CCD、第 1 从镜头对应前后 2 个 CCD、第 2 从镜头对应左右 2 个 CCD、第 3 从镜头对应中间 1 个 CCD;多光谱波段的 4 个镜头分别对应另外 4 个 CCD。其中形成全色影像的 9 个 CCD 之间存在一定程度的重叠(航向为 258 像元,旁向为 262 像元),CCD 获取的影像数据通过重叠部分影像精确配准,消除曝光时间误差造成的影响,生成一个完整的中心投影影像。全色影像通过与同步获取的 RGB 和近红外影像进行融合、配准等处理,生成高分辨率的影像产品,如图 1-6 所示。

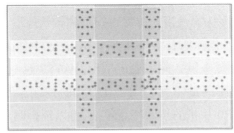

图 1-6　UCD 航空测绘相机的镜头布置与成像示意图

UltraCamXp(UCXp)增强型大幅面数码航摄仪是微软公司在 UltraCamX 数码航摄仪基础上研发的产品,相比于 UCD,其在镜头大小、电子设备的精密性和存储空间的大小上都有所提升。该产品具有超大影像幅面,达到了 19600 万像元(17310 像元×11310 像元),具有 6μm 的像元尺寸,能够有效减少航线数量、节约时间及成本;可更换的机载存储单元为长任务时的飞行创造了条件;1.35s 的曝光间隔保证了影像重叠度,甚至可在低空和高速飞行条件下进行大比例尺测图。

UltraCam EagleM3 具有可更换镜头的功能,共有 4 组不同焦距的镜头可供更换,这些镜头足以应对不同的拍摄场景。全部组件集成于传感器镜筒中,提供了灵活的机载定位设备,同时使用了稳定平台(UltraMount)以及数据处理软件包(UltraMap)。EagleM3 相机的一个关键改进是采用了 4.0μm 像元尺寸的 CCD 探测器,该探测器具有优秀的信噪比和非机械时延积分像移补偿技术。

上述典型的航空面阵测绘相机表明,大面阵数字式多光谱的测绘相机时代已经到来,相关技术发展迅速。CCD 探测器的像元尺寸越来越小,使得面阵规模得以增大;多个镜头拼接使得光学系统的性能有所提升,UCE 甚至设计了可更换镜头来改变焦距以应对不同的航高;数据处理软件越来越人性化,更加易于操作。面阵相机的迅速发展对航空光学测绘的工作效率、适用范围、数据传输、存储以及后期数据产品生产都将产生较深远的影响。

1.2.3 面阵倾斜测绘相机发展现状

倾斜摄影技术是通过在飞行平台上搭载多台传感器,同时从垂直、侧视等不同角度采集影像,是一项先进的摄影测量技术。由于比传统的摄影测量多了若干个倾斜拍摄角度,因此能够获取到更加丰富的侧面纹理等信息。目前,国外具有代表性的面阵倾斜相机有莱卡公司的 RCD-30 相机和 VexCel 公司的 UltraCam-OspreyM3 相机。

RCD-30 相机是专为高精度三维城市模型和带状地形图应用而设计的倾斜相机系统,其主要技术指标如表 1-3 所列。RCD-30 相机主要由相机本体(单个镜头或 3 个或 5 个镜头组)、陀螺稳定平台(PAV80 或 PAV100)、带有集成全球导航卫星系统/惯性测量单元(GNSS/IMU)的控制器(CC32)和存储单元(MM1)构成。RCD-30 相机的技术特点包括:可以选择两种镜头传导多光谱图像;能在两轴向提供机械前向运动补偿;数据后处理软件整合于莱卡航测软件系统中;等等。

表 1-3 RCD-30 技术指标

产品型号	RCD-30
探测器类型	面阵 CCD
像元数	10320×7752
像元尺寸/μm	5.2
光谱范围	R、G、B、N
配置方案	可 3 个或 5 个成倾斜相机组安装
质量/kg	17

1.3 国内航空测绘相机发展现状

1.3.1 三线阵测绘相机发展现状

我国航空三线阵测绘相机起步较晚,但发展迅速。在高分辨率对地观测项目的支持下,中国科学院长春光学精密机械与物理研究所于 2011 年启动 AMS-

3000 三线阵立体航测相机的研究工作,目前已完成样机的研制和飞行试验验证。AMS-300 三线阵立体航测相机外形如图 1-7 所示,主要技术参数如表 1-4 所列。

图 1-7 AMS-3000 三线阵立体航测相机外形

表 1-4 AMS-3000 三线阵立体航测相机主要技术参数

主 要 参 数	
焦距/mm	130
基高比	0.89
像元数	32000
像元尺寸/μm	5×5
2000m 距离像元分辨率/m	0.077
相同分辨率(0.1m)时的覆盖宽度/m	3249.3

AMS-3000 三线阵立体航测相机主要由相机本体、控制柜、稳定平台、数据存储和图像数据处理软件等组成。

(1) 相机本体是 AMS-3000 三线阵立体航测相机的核心,主要由光学镜头组件、焦平面组件、热控组件、图像预处理单元、IMU 组件、电控组件及机身框架等组成。AMS-3000 三线阵立体航测相机工作时,地面景物通过光学镜头组件成像在焦平面组件的线阵探测器中;热控组件负责对整个系统进行温度调节,保证长时间工作时焦平面不至于过热;IMU 组件记录相机拍照时刻的姿态;电控组件负责接收控制柜发出的控制指令,同时将相机状态反馈给控制柜;机身框架为相机本体提供力学支撑。

(2)控制柜实时显示相机工作状态,可通过人机接口输入控制指令。控制柜主要由操作显示屏、控制计算机等组成。

(3)稳定平台用于补偿飞机姿态变化、振动等外界因素的变化,保证相机的工作性能。

(4)数据存储将相机输出的影像数据进行存储,用于后期数据处理。

(5)图像数据处理软件对 AMS-3000 的原始图像进行处理,生产符合要求的测绘类数据产品。

1.3.2 面阵测绘相机发展现状

SWDC(Si Wei Digital Camera)系列航空测绘相机是我国具有自主知识产权的科研产品,如图 1-8 所示。SWDC 主体由 4 个相机(单机像元数为 3900 万,像元尺寸为 6.8μm)经外视场拼接而成,经过加固、精密单机检校,配备测量型 GPS 接收机、GPS 航空天线、数字罗盘和数据处理软件,是一种一体式航空摄影解决方案。SWDC-4 主要技术参数如表 1-5 所列。

图 1-8 SWDC-4/5 测绘相机

表 1-5 SWDC-4 主要技术参数

参数名称	焦距/mm	50	80
	像元尺寸/μm	6.8	
	拼接后像元数	14500×10200	14000×11000
	像元角/rad	1/5555	1/8888

(续)

参数名称	旁向视场角 $2\omega_y/(°)$	91	59
	航向视场角 $2\omega_x/(°)$	74	49
	成像光谱	全色/RGB	

SWDC-4 相机由 4 个独立的非量测面阵相机组成,如图 1-9 所示,具有高程精度高(基高比大)、物镜可换和性价比高等特点。多面阵数字影像组合拼接是其核心技术,主要工作流程包括:①水平纠正,在虚拟影像生成过程中首先将单个倾斜摄影的子影像纠正为等效正直摄影像片(水平像片)。②利用水平像片重叠部分的同名像点,建立像片间的微小旋转、平移关系式,用自由网光束平差法精确求解各像片间的相对位置关系,最后将各个水平像片投影到最终的虚拟影像上。

图 1-9 SWDC-4 拼接方式

1.4 航空测绘相机发展趋势

航空测绘相机的发展方向主要体现在以下 4 个方面:

(1) 大规模线阵和面阵测绘相机仍是航空测绘相机的重要发展方向。虽然分辨率为 20k 的大面阵数字测绘相机已经实现,但是通过增大探测器规模来提升装备信息获取效率仍有一定的开发空间。随着探测器件制造工艺水平的发展,不远的未来更大规模的 CCD 或 CMOS 面阵探测器有可能会在航空测绘相机领域得到推广应用。

(2) 航空测绘倾斜相机将取得更快的发展。航空测绘倾斜相机弥补了正射影像只能够从垂直角度拍摄的局限,通过在同一飞行平台上搭载多台传感器,同时从垂直、倾斜等多个角度采集影像,可更高效地获取更加丰富的航拍数据,将进一步拓展航空测绘技术在应急指挥、国土安全、城市管理、房产税收等多个行业的应用。

（3）以测绘相机为主、机载 LiDAR 等其他光学测绘装备为辅的多传感器航空光学测绘平台，在未来将具有更大的竞争优势，基于多光谱或高光谱的遥感测绘技术是重要发展趋势。目前，已有部分公司的多传感器集成产品投入市场。例如，莱卡公司的 CityMapper 是一款将倾斜相机和 LiDAR 集成到单个传感器的混合型城市航空摄影系统，能同时获取倾斜影像和激光数据，在浅滩测量、森林资源测绘、电力设施测绘、厂矿资产评估等应用领域具有更高效的数据获取与处理能力。

（4）航空光学测绘装备除了追求精度的提升外，适用范围、工作效率、探测处理方法以及数据处理的智能化水平是未来发展急需提升的重要部分。对于民用的航空测绘装备来说，更高性价比以及更加轻量化的设计往往受到用户的青睐。同时，数据获取的效率以及后续的维护工作，成为民用航空测绘相机普及的关键。随着技术的发展和成本的下降，航空测绘相机将拥有更加广阔的前景。

第 2 章
机载线阵测绘相机总体技术

2.1 线阵测绘相机总体概述

按照探测器类型,机载测绘相机可分为两大类:一类是以面阵探测器件为主要特征;另一类以线阵探测器件为主要特征。两类相机各有其独特优势和使用限制。

机载面阵测绘相机工作原理示意图如图 2-1 所示,采用分幅成像原理,利用重叠率实现双片定位,其优点是提供了较多的冗余观测值用于解算,几何平差性较强,数据处理流程简洁,平面精度较高;缺点是基高比较小,高程精度较差,而且需要较大的重叠率,导致图像文件数量大,处理时间较长。

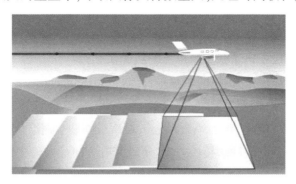

图 2-1 机载面阵测绘相机工作原理示意图

机载线阵测绘相机工作原理示意图如图 2-2 所示,采用推扫方式进行成像,其优点是像素显示连续,无须进行图像拼接,不需要快门机构,相机更加稳定,光谱文件数量少,占用空间少,基高比大,航带覆盖面宽,且由于线阵探测器实时传输光电变换信号和自扫描速度快、频率响应高,能够适应更大的速高比测量,工作效率更高;缺点是线阵测绘相机受飞行姿态影响大,需要高精度的POS系统配合使用。

图 2-2　机载线阵测绘相机工作原理示意图

2.2　机载线阵测绘相机组成

机载线阵测绘相机一般由相机本体、控制柜、稳定平台和图像数据处理软件等组成。机载线阵测绘相机系统组成框图如图 2-3 所示。为实现轻量化及满足装机空间,国内外的机载线阵测绘相机(如 ADS 系列、AMS-3000 等)都采用了长焦距、大视场单镜头的结构形式,通过在相机焦平面中布置多条不同角度的探测器来实现立体测绘。

机载线阵测绘相机系统主要单元的功能如下:

(1) 相机本体包括光学镜头、焦平面组件、POS 定向定位系统、相机热控组件、电源组件和光电转换单元等。

① 光学镜头。为了实现高精度测绘,机载线阵航空测绘相机光学镜头一般采用像方远心光学系统的单镜头方案,使得所有方向的入射光线都垂直或近似垂直焦平面。

② 焦平面组件。机载线阵航空测绘相机在镜头焦平面上需布置多条探测器,如 AMS-3000 焦平面集成了 3 条全色及 1 条 RGB 探测器,这 4 条探测器相互平行排列并与飞行方向垂直,其中 3 条全色探测器对地面景物的成像角度不同,垂直对地成像的为下视探测器,向前斜视成像的为前视探测器,而向后斜视

第 2 章 机载线阵测绘相机总体技术

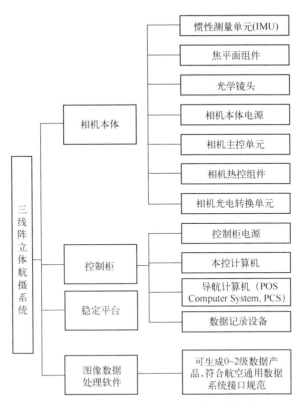

图 2-3 机载线阵测绘相机系统组成框图

成像的为后视探测器,前视、下视、后视探测器图像构成了立体像对,实现对地的高精度三维测量。

③ POS 定向定位系统。机载线阵测绘相机几何平差性较弱,因此需要 POS 进行辅助测量,对 POS 依赖性较强,POS 记录拍照时相机的外方位元素。

④ 热控组件。为了消除温度、压力等环境变化对成像性能的影响,机载线阵测绘相机需要密封、热控的措施以保证相机宽环境适应能力,气密热控组件保证相机可以在不同高度、不同压力、不同温度条件下稳定成像。

⑤ 电源组件。电源将飞机电源滤波、转换后提供给相机本体,保证相机可以稳定工作。

⑥ 光电转换单元。光电转换单元将图像数据的电子信号转化为光信号,然后输出给存储单元进行存储。

(2) 控制柜包括控制柜电源、本控计算机、POS 控制系统及数据记录设备。

① 控制柜电源。将飞机电源滤波后提供给控制柜各组件。

②本控计算机。安装有人机交互的控制软件,操作人员可输入工作指令及工作参数,同时实时显示相机的工作状态。

③PCS。PCS为POS控制系统,用于对IMU及GPS输出数据进行管理并记录相机曝光时刻的外方位元素数据。

④数据记录设备。将相机输出的影像数据进行存储,用于后期数据处理。

(3) 稳定平台。机载线阵测绘相机通常工作于中低大气层,导致成像姿态变化较大。同时,还受到飞机发动机振动等内部扰动的影响,获取的图像容易出现扭曲、变形等退化现象,甚至难以辨认。稳定平台可以隔离上述外界扰动,稳定平台安装于载机上,机载线阵测绘相机置于稳定平台内部,稳定平台通过POS获取的惯性空间姿态数据,补偿载体姿态变化对成像的影响,通过采用减震技术,隔绝飞机发动机振动的影响,提升机载线阵测绘相机的工作性能。

(4) 图像数据处理软件。图像数据处理软件一般由数字影像处理模块、模式识别模块、解析摄影测量模块及辅助功能模块等组成,通过对机载线阵测绘相机获取的图像进行辐射纠正、几何纠正、空中三角测量和4D产品生产等,形成所需的测绘产品。

2.3 机载线阵测绘相机工作原理及流程

机载线阵测绘相机采用推扫式成像原理,相机的焦平面配备了多个高分辨率全色单波段线阵探测器阵列,构成了对地面的多视角、多波段成像。机载线阵测绘相机一般安装在通用航空飞机内部,通过飞机预留的窗口对地作业,工作时像面中各线阵探测器垂直于飞行方向,借助于飞机的前向飞行实现对地面连续采样,获取多条地面目标的影像。由于地面目标在多个扫描条带中分别记录,同时机载线阵测绘集成的POS记录了外方位元素,可为每条扫描线提供外方位参数的观测值,因此能直接生成多个立体像对。机载线阵测绘相机基高比较大,具备较强的立体成像能力,可在测区的四角控制或无地面控制的情况下完成对地面目标的三维定位,大大降低了对测绘外业控制点的依赖。

机载线阵测绘相机作业流程如图2-4所示,通过飞行规划、空中摄影、数据存储下载、空中三角测量、影像纠正、编辑成图等处理,可生成数字表面模型(DSM)、正射影像(DOM)等测绘产品。

第 2 章 机载线阵测绘相机总体技术

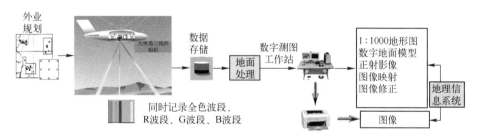

图 2-4 机载线阵测绘相机作业流程

2.4 机载线阵测绘相机主要数据产品

按照机载线阵测绘应用需求的不同,机载线阵测绘相机的产品主要可分为以下 4 类:

(1) 平面测绘遥感影像产品,包括几何精纠正产品、正射纠正产品、数字正射影像图等。

(2) 立体测绘遥感产品,包括数字表面模型、数字高程模型等。

(3) 快速图像制作产品,经过几何粗纠正、辐射纠正后,具有粗略地理位置信息的快速图像产品,满足应急救灾、应急环境监测等用户需要。

(4) 专题测绘产品,包括地理国情监测产品、典型地物分类产品等。

除了上述分类外,机载线阵测绘相机产品还可以按照不同的处理级别进行分级,可以分为 0 级、1 级、2 级、4D 产品等,如表 2-1 所列。

表 2-1 主要产品等级、主要用户及用途

等级	特 点	主要用户及用途
0 级	原始图像产品	主要分发给对相机成像系统进行科学研究的部门,用于对相机系统进行检测、定标、后续处理等
1 级	在 0 级产品的基础上进行辐射校正后的产品	主要分发给从事测绘生产、科研的单位和部门,用于立体测图大致获取所需地理、地形要素、目标的空间位置、几何特征和相关属性数据
2 级	在 1 级产品的基础上进行了几何粗校正,具有一定的精度,适用于本身无地理信息生产能力、对定位精度要求不高的用户	主要分发给从事测绘生产、林业、国土、减灾等科研单位和部门,用于立体测图精确获取所需地理、地形要素、目标的空间位置、几何特征和相关属性数据,以及国土、林业、减灾、地质、矿产、交通、水利等部门作相关应用

（续）

等级	特 点	主要用户及用途
4D产品	在2级产品的基础上进行了几何精校正和航带拼接，具有1∶1000的比例尺精度，对定位精度要求较高的用户	大比例尺（1∶2000、1∶1000）数字地形图、数字正射影像图、数字高程模型、数字地面模型，以及工程图、城市图、交通图等专题测绘产品

需要说明的是，上述0级、1级、2级的分级标准参考了国内相关文献，与国外的ADS系列机载线阵测绘相机的分类标准不尽相同。

第3章

机载线阵测绘相机指标分析与总体设计计算

本章分析了机载线阵测绘相机的主要性能指标,同时结合国产机载线阵测绘相机的典型代表——AMS-3000 三线阵立体航测相机,对线阵测绘相机指标分析及参数计算进行论述。AMS-3000 三线阵立体航测相机是一款高效率的机载推扫型三线阵立体航测相机,相机焦平面布置了3个全色波段和1个RGB波段长线阵 CMOS 探测器,作业时各线阵探测器同时对地推扫成像,可获取多个相互重叠的航带图像,前视、正视和后视两两构成立体像对,实现对地高精度测绘。

AMS-3000 三线阵立体航测相机主要技术指标如表 3-1 所列。

表 3-1 AMS-3000 三线阵立体航测相机主要技术指标

技术指标名称	要求
光谱范围	全色(450~750nm)、RGB
地面像元分辨率/m	2000m 航高时,≤0.1m
横向工作视场角/(°)	≥60
基高比	0.89
适应的最大速高比/s^{-1}	0.06
精度	2000m 满足 1:1000 比例尺要求

根据表 3-1 的技术指标,相机需要在航高 2000m 时实现高的像元分辨率(优于 0.1m)、大的地面覆盖范围(工作视场不小于 60°)和 1:1000 的大比例尺成图精度。为实现上述指标,必须要突破大视场、高传函、高精度测量光学系统的设计,突破多线阵探测器精密集成和相机工作环境稳定技术,利用高精度 POS 系统进行测绘精度分析,开展适合大视场三线阵立体航测相机的三轴稳定

平台精度分析及选型,判定相机的像移补偿等各种技术参数是否满足相机的要求,优化设计相机结构方案(单镜头/三镜头),确定大视场三线阵立体航测相机的可行性方案。

3.1 相机总体方案设计

机载三线阵测绘相机设计方案有三镜头拼接方案和单镜头方案两种。三镜头拼接方案是减小了每个镜头的设计压力,但体积比单镜头方案大,只能安装在稳定平台上端,限制了镜头的横向视场角;此外,三镜头拼接方案在配合稳定平台使用时,相机的全部质量几乎都集中在平台上方,稳定平台下方必须安装相同质量的配重才能正常工作,达到稳定精度要求,使该方案的整体质量较大,如图3-1所示。单镜头方案只有一个镜头,镜头布置在稳定平台的下方,不存在平台遮挡光线的现象,且单镜头方案相机的质量相对较轻,需要配重质量小,能较好满足稳定平台载荷质量的要求,如图3-2所示。

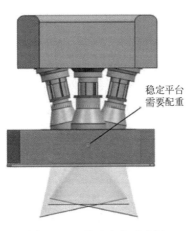

图 3-1 三镜头方案示意图

图 3-2 单镜头方案示意图

单镜头方案虽然容易满足稳定平台的装机要求,但为满足分辨率和工作视场的总体指标要求,光学系统必须同时实现长焦距和大视场的目标,光学系统的设计难度相对更大。焦距长和视场大,导致光学焦平面尺寸大,需要选用长线阵探测器。AMS-3000采用了长焦距、大视场单镜头透射式光学系统和焦平面布置多条不同角度的探测器实现三线阵立体测绘。

3.2 探测器参数计算

探测器参数计算及器件选取在相机设计中居于优先序列,应基于像元尺寸、像元数、行频、动态范围、灵敏度等参数进行综合考虑。

3.2.1 探测器参数

1. 像元数

像元数是指图像传感器上的像元数量。对于面阵测绘相机,像元数用旁向像元数和航向像元数表示。其中,旁向像元数决定了单航带飞行时载荷的覆盖宽度,代表载荷的工作效率;航向像元数决定了载荷的基高比,代表载荷的高程精度。对于线阵传感器,像元数仅对旁向而言,使用时可以认为线阵探测器仅一条感光元件对地推扫成像。线阵探测器像元数决定了测绘载荷的工作效率,像元数越多,工作效率就越高。

根据表 3-1 的指标要求,探测器的像元数计算如下:根据指标要求,航高 2000m,横向工作视场角≥60°,可计算覆盖宽度为 $W = 2 \times 2000 \times \tan 30° = 2309.4$m,如图 3-3 所示,每个像元分辨率为 0.1m,计算可得满足要求的最小像元数为 23094,即线阵探测器的总像元数应不小于 23094。

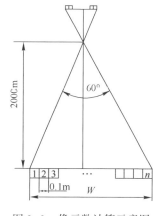

图 3-3 像元数计算示意图

2. 像元尺寸

像元尺寸是图像传感器的一个重要参数,是指图像传感器阵列上每个像元的实际物理尺寸。一般情况下,像元尺寸越大,能够接收到的光子数量越多,在同样的光照条件和曝光时间内产生的电荷数量越多,信噪比就越高,获取的图像视觉效果越好。像元尺寸越小,相同的焦距及工作高度条件下,获取图像的分辨率越高,但图像的信噪比较低,成像质量受影响。此外,较小的像元尺寸也对系统传递函数、制作误差等要求较高。因此在线阵测绘相机设计时,需要选取合理的探测器尺寸,既要保证合适的像元分辨率,又要保证合适的信噪比及成像质量。

3. 光谱响应范围

光谱响应范围是指图像传感器对不同波长的光的响应能力,通常用光谱曲线表示,横轴表示不同波长的光线,纵轴表示图像传感器对给定波长单位辐射功率照射下的响应度或量子效率。通过光谱响应曲线能够得到成像传感器对不同波长光线的响应能力。根据指标要求,选取探测器的光谱响应涵盖450~750nm波段及R波段(600~700nm)、G波段(510~580nm)、B波段(415~515nm)。

根据上述分析,光谱范围代表了线阵测绘相机对某一波长区间的光谱进行响应的能力。比较常用的光谱范围为人眼具有敏锐分辨率和感知度的光谱段,波长范围为390~760nm,习惯上该波段称为可见光波段。机载线阵测绘载荷主要就在该光谱范围工作,有时为了增加光谱信息的获取量,线阵测绘相机还会配置单独的传感器,生成R、G、B等单波段图像。

4. 动态范围

动态范围表示线阵测绘相机对地面景物明暗度细节丰富程度。动态范围越大,相机可记录的明暗信号范围越大。尤其当同一幅图中既有暗区域又有亮区域时,动态范围越大的相机,记录的暗部分细节和亮部分细节越丰富。

5. 信噪比

信噪比是指探测器的输出信号与均方根噪声之比,通常用分贝(dB)表示。信噪比是评估探测器的重要指标之一,信噪比越高,图像质量越好。

当探测器在接近饱和的光照条件下工作时,相机的信噪比性能主要受霰粒噪声的限制;当探测器在较弱的光照条件下工作时,暗电流噪声和读出噪声成为制约相机信噪比性能的主要噪声源。

6. 行频

线阵测绘相机采用推扫成像,行频表示图像传感器在单位时间内采集图像的能力。行频高的探测器,可以适应更高的载机飞行速度,具有更高的工作效率。

根据指标要求,相机在 GSD=0.1m 时,最大需要适应 $0.06s^{-1}$ 的速高比,可计算行频为1500Hz。

目前可供选取的探测器有以下两种(图3-4),分别为像元数为12000,像元大小为6.5μm的CCD探测器与像元数为16000,像元大小为5μm的CMOS探测器。

第1种探测器主要参数包括:

(1) 像元数:12000。

(2) 像元尺寸:6.5μm×6.5μm。

(3) 输出数据传输速率:4×5Mb/s。

(4) 动态范围:1000:1。

(5) 工作温度:0~70℃。

第2种探测器主要参数包括:

(1) 像元数:16000。

(2) 像素尺寸:5μm×5μm。

(3) 最大行频:50kHz。

(5) 动态范围:73dB。

(6) 工作温度:0~55℃。

两种线阵探测器外形如图3-4所示。

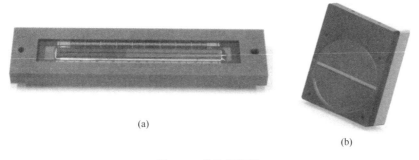

图3-4 线阵探测器

(a) 像元数为12000,像元大小为6.5μm的CCD;

(b) 像元数为16000,像元大小为5μm的CMOS。

根据上述分析,这两类探测器均不能满足对像元数的要求。如果采用上述两类探测器,只能采用多个探测器拼接的方案。

3.2.2 探测器拼接

探测器拼接方式可选用的方案有机械拼接及光学拼接两类。

(1) 机械拼接如图3-5所示,将探测器在相机焦平面上拼接成两行交错平行阵列的形式,通过在相邻探测器间留出一定数量的重叠像元实现对地成像。相机工作时,重叠像元对地面景物分别成像,根据重叠区域内相同景物影像可将相邻两片探测器的图像拼接从而形成较大幅面的图像。机械拼接具有结构紧凑、不引入附加色差、焦平面简单等优点;缺点是在同一时间两片探测器的曝光景物不相同,对地成像的角度不同,增加了图像后处理的难度,增大了测绘精度的不确定性。

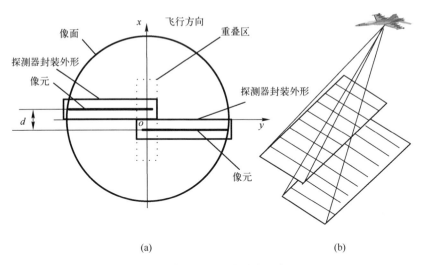

图 3-5 多探测器机械拼接示意图
（a）机械拼接方式；（b）重叠区域内景物成像方式。

（2）光学拼接是通过一个半反半透的分光棱镜,将地面景物的像分成正交的两个部分,分别由两个探测器进行接收,通过合理布置两个探测器的位置,实现对地面景物的完整成像,如图 3-6 所示。光学拼接时,两个探测器对地面景物同时、同角度成像,避免了机械拼接的缺点,但由于采用了半反半透的分光棱镜,探测器接收到的像损失了一半的能量,影响相机在低照度下的使用性能。

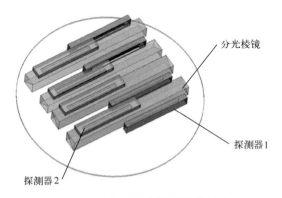

图 3-6 多探测器光学拼接示意图

综合上述分析,选用上述两种探测器,无论是采用机械拼接还是光学拼接的方案,都会导致探测器数量偏多、空间较小、功耗偏大、可靠性较低等不足。

为了解决上述问题,设计定制了 32000 像元长线阵 CMOS 探测器,如图 3-7 所示。探测器性能参数如表 3-2 所列。这是目前世界上最长的长线阵 CMOS 探测器,具有长线阵、高灵敏度、体积尺寸小等优点。

图 3-7　32000 像元 CMOS 线阵探测器示意图

表 3-2　探测器性能参数

序号	名　　称	性 能 指 标
1	像元数	32000
2	像元尺寸/μm	5
3	最大行频/kHz	10
4	数据格式/bit	12
5	动态范围/dB	72
6	数据输出通道	4
7	Binning 模式	支持
8	工作温度/℃	0~70

该探测器像元尺寸合理,分辨率高;输出速率快,适应速高比范围大,能够适应各种飞行平台;灵敏度高,适应地面景物照度范围大,能够适应不同天气的要求。该探测器对于保证相机的性能具有重要意义。

3.3　相机焦距计算

焦距是机载线阵测绘载荷的重要性能指标,直接影响系统的性能,机载线阵测绘相机的焦距决定了摄影比例尺,在相同工作距离的条件下,焦距越长,摄影比例尺越大,获取的图像分辨率就越高。需要说明的是,焦距对相机的体积和重量具有直接的影响,一般来说,焦距越长的相机,体积及重量也就越大。

设计指标要求航高2000m时GSD=0.1m,选定的探测器像元尺寸如表3-2所列,可以计算得出相机焦距$f=100$mm。需要说明的是,受载机运动导致的像移、振动等因素的影响,相机拍照获取的摄影分辨率将会低于像元分辨率。为此,在设计中通常会适当增大相机焦距。AMS-3000将焦距设定为130mm,经过计算可得,此时航高2000m时GSD=0.077m。

3.4 相机视场角及交会角计算

视场角代表了相机所能观察到的物体的空间角度范围,视场角的大小决定了机载测绘载荷的工作效率,视场角越大,相同航高条件下收容宽度越大,工作效率越高。视场角与焦距与选用的探测器像元尺寸、像元数有关,当焦距一定时,探测器像幅越大,横向视场角也越大,此时一幅像片所覆盖的区域也越大,工作效率越高。

注意区分线阵测绘相机横向视场角与总视场角的概念,横向视场角如图3-8所示,横向视场角决定了条带覆盖宽度。总视场角与横向视场角关系如图3-9所示。图中:d为线阵探测器的长度,决定了机载线阵测绘相机的横向视场角;L_1和L_2为线阵探测器之间的距离,决定了线阵测绘相机的基高比;R_2为线阵测绘相机的像面半径,决定了总视场角$\alpha_{总}$。

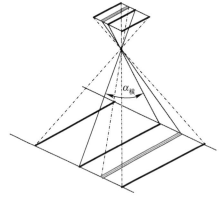

图3-8 横向视场角

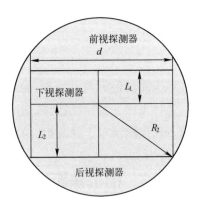

图3-9 线阵测绘相机横向视场角与总视场角的关系

由图 3-9 中可计算总视场角 $\alpha_\text{总}$ 为

$$\alpha_\text{总} = 2\arctan\left(\frac{\sqrt{\left(\frac{d}{2}\right)^2 + \max(L_1, L_2)^2}}{f}\right) \tag{3-1}$$

根据选定的探测器长度及相机焦距,可以计算相机横向视场角为

$$\alpha_\text{横} = 2\arctan\left(\frac{d}{2f}\right) = 2\arctan\left(\frac{32768 \times 0.005}{130 \times 2}\right) = 64.4° \tag{3-2}$$

前视探测器与正视探测器交会角为

$$\alpha_\text{交汇角1} = \arctan\left(\frac{L_1}{f}\right) \tag{3-3}$$

后视探测器与正视探测器交会角为

$$\alpha_\text{交汇角2} = \arctan\left(\frac{L_2}{f}\right) \tag{3-4}$$

综合考虑线阵探测器外形尺寸及焦平面中多探测器集成方案,$L_1 = 49.9$,$L_2 = 66.238$,此时交会角设定分别为 21° 和 27°。

总视场角计算公式为

$$\alpha_\text{总} = 2\arctan\left(\frac{\sqrt{\left(\frac{d}{2}\right)^2 + \max(L_1, L_2)^2}}{f}\right) = 78.04° \tag{3-5}$$

取整后选取 79°。

3.5 基高比计算

基高比的大小直接影响高程精度,基高比越大,高程精度越高。机载线阵测绘相机交会角决定了基高比的大小,基高比与交会角、相机焦距、相机总视场角有关。

基高比可表示为

$$\frac{B}{H} = \frac{L_1 + L_2}{f} = \tan\alpha_\text{交汇角1} + \tan\alpha_\text{交汇角2}$$

根据上述对基高比、视场角的分析,可以得出如下结论:提高基高比,将导致线阵相机总视场角增加,给线阵测绘相机的光学系统设计、加工、装调等带来困难。因此设计时应综合考虑现有的技术水平,在现有技术条件下,保证相机

成像质量的同时具有高的测绘精度。

3.6 传递函数计算

传递函数(MTF)是评价光学系统的主要评价指标,是将傅里叶分析法应用到光学领域的结果,表达了物方空间上一个周期分布的光强分布经过光学系统后其光强的衰减情况。该衰减与物方空间光强分布的空间频率密切相关,传递函数可以通过传递函数测试仪进行测量,根据光电傅里叶变换法计算 MTF 值。对于线阵测绘相机,一般要求光学系统全视场奈奎斯特频率处的 MTF 值不小于 0.2。

3.7 机载线阵测绘相机测绘精度分析

机载线阵测绘相机工作过程中会有各种误差对测绘精度产生影响。通过对随机误差进行分析和综合,可以在设计时对线阵测绘相机主要部件的内方位元素标定精度、POS 系统精度等参数进行误差分配,以确定各部件的工艺条件及技术要求。

精度分析包括两个方面的内容:高精度 POS 数据支持下的目标定位精度分析和经过高精度控制点平差后的目标定位精度分析。

根据摄影测量原理,前后视同名摄影光线交会地面点 m 的坐标误差可表示为

$$m_{X_m}^2 = m_{X_s}^2 + 0.5H^2(1-\tan^2\alpha)^2 m_\varphi^2 + \frac{(Y\tan\alpha)^2}{2} m_\omega^2 + 0.5Y^2 m_\kappa^2 + 0.5m_x^2$$

$$m_{Y_m}^2 = m_{Y_s}^2 + \frac{Y^2}{2(\tan\alpha)^2} m_\varphi^2 + 0.5H^2 m_\omega^2 + 0.5Y^2 m_\kappa^2 + \frac{Y^2}{2H^2\tan^2\alpha} m_x^2 + 0.5m_y^2$$

$$m_{Z_m}^2 = m_{Z_s}^2 + \frac{H^2}{B^2}\left[\frac{2H^2}{\cos^4\alpha} m_\varphi^2 + 2(Y\tan\alpha)^2 m_\omega^2 + 2Y^2 m_\kappa^2 + 2m_x^2 + \frac{H^2}{f^2} m_f^2\right]$$

式中:m_{X_m},m_{Y_m},m_{Z_m} 为地面点坐标误差;m_{X_s},m_{Y_s},m_{Z_s} 为摄站误差;m_φ,m_ω,m_κ 为摄影姿态误差;m_x,m_y 为像点坐标量测误差;m_f 为焦距标定误差;H 为航高;Y 为非扫描方向距离;α 为交会角。

对影响目标定位精度的各误差源进行分析,误差源主要包括摄站误差、摄影姿态误差、摄影基线误差、影像像点坐标量测误差以及焦距标定误差,下面分别对各项误差进行分析。

摄站误差主要由 GPS 测量误差产生,采用 POS AV610 时摄站各方向误差为

$$\begin{cases} m_{X_s} = \pm 0.05\mathrm{m} \\ m_{Y_s} = \pm 0.05\mathrm{m} \\ m_{Z_s} = \pm 0.05\mathrm{m} \end{cases}$$

摄影姿态误差主要由高精度 IMU 测量误差产生。采用高精度控制点数据对区域影像进行空三平差处理,摄影姿态误差可以进一步减小。

当无地面控制,采用高精度 POS AV610 数据时,数据处理之后,姿态精度为

$$\begin{cases} m_\alpha = \pm 0.0025° \\ m_\omega = \pm 0.0025° \\ m_k = \pm 0.005° \end{cases}$$

在航空摄影测量中,利用高精度差分 GPS 获取摄站位置,摄影基线误差可以忽略不计。

影像量测误差包括主点坐标标定误差、镜头畸变标定误差和像点坐标量测误差,3 种误差需要综合考虑。

主距的标定精度一般按照一个像点坐标计算。根据线阵相机的设计参数,以 AMS-3000 为例,采用 POS AV610 直接对地目标定位时,不同航摄高度的目标定位误差统计如表 3-3 所列。

表 3-3　无地面控制不同高度目标定位误差统计

高度/m	主距标定误差为 5μm 时的平面误差/m	主距标定误差为 5μm 时的高程误差/m
6000	0.24	0.58
5000	0.20	0.48
4000	0.17	0.39
3500	0.15	0.34
3000	0.13	0.29
2600	0.12	0.26
2000	0.10	0.20
1000	0.08	0.11

当采用高精度控制点进行光束法平差后,姿态数据的定位精度进一步提高,影响目标定位精度的因素主要来自摄站、姿态和像点量测的偶然误差。不

同航摄高度的目标定位误差统计如表 3-4 所列。

表 3-4　有地面控制不同高度目标定位误差统计

高度/m	主距标定误差为 5μm 时的平面误差/m	主距标定误差为 5μm 的高程误差/m
6000	0.20	0.49
5000	0.17	0.41
4200	0.15	0.34
4000	0.14	0.33
3000	0.12	0.25
2600	0.11	0.22
2000	0.09	0.17
1000	0.08	0.10

依据国家标准 GB/T 7930—2008《1∶500 1∶1000 1∶2000 地形图航空摄影测量内业规范》，对比国标规定的平面位置和高程位置中误差要求，可得出机载线阵测绘相机的测图精度与制图比例尺的满足度要求。值得注意的是，上述精度估算结果仅是理论计算得出，实际的成图精度还受多种因素的影响，考虑到相机测绘时所处的复杂环境条件，进行 1∶1000 大比例尺成图可按照 GB/T 7931—2008《1∶500 1∶1000 1∶2000 地形图航空摄影测量外业规范》中 4.1 和 4.4 条区域网布点的规定要求布设控制点。

3.8　相机的速高比适应性分析

相机是在飞机飞行过程中成像，飞机的前向运动会产生前向像移，进而影响相机的成像质量。为了实现高分辨率的目标，相机必须补偿前向像移。前向像移速度由飞行速度、照相高度及相机的焦距决定，其计算公式为

$$v = \frac{V}{H} \cdot f = \eta \cdot f$$

式中：v 为前向像移速度（m/s）；V 为飞机的飞行速度（m/s）；H 为照相高度（m）；η 为速高比（s^{-1}）；f 为焦距（mm）；b 为像元尺寸。由该式可知，前向像移速度和速高比成正比。

相机行频 $f_{行频}$ 与前向像移速度之间的关系为

$$\eta = \frac{f_{行频} b}{f}$$

根据选定的探测器及相机设计参数 $f = 130$mm，$b = 0.005$，可得到相机行频为 1560Hz 时，速高比适应性可得 $\eta = 0.06$。

3.9 内方位元素标定

内方位元素和交会角是机载线阵测绘相机必须精确测量的重要参数，这两个参数直接影响测绘精度，使用前必须对线阵测绘相机进行高精度的内方位元素和交会角标定。

机载线阵测绘相机的内方位元素标定方法有精密测角法、实验场摄影检定法等，线阵测绘相机内方位元素标定方法详见第 8 章。

3.10 辐射标定

除了内方位元素标定外，线阵测绘相机还需要进行辐射标定，辐射标定的主要任务是建立相机的输入辐射量与相机的输出信号之间的能量传递和光电转换的定量关系，建立相机每个像点坐标的辐射亮度响应函数，通过该函数可进行辐射亮度图像的反演计算，消除响应非均匀性和非线性等引起的图像辐射畸变。辐射标定包括相对辐射标定及绝对辐射标定两个方面，线阵测绘相机辐射标定方法详见第 8 章。

3.11 温度、压力、工作距离等对相机性能的影响分析

航空摄影测量时，温度、大气压力和照相距离等因素变化，会造成相机光学焦平面位置的前后移动。照相时，如果 CCD 或 CMOS 接收面所处的位置不能随之变化并进行匹配，那么将造成离焦。相机允许的离焦误差应小于相机的半焦深。其计算公式为

$$\delta = 2F^2\lambda$$

式中：δ 为半焦深；F 为镜头相对孔径的倒数；λ 为工作波长，一般取相机工作的中心波段。

根据实际参数计算可得：相机相对孔径为 1:5.6，则机载线阵相机系统的半焦深为 ±0.04mm。

3.11.1 温度对相机成像质量的影响

相机工作时的温差较大,由于温度的变化,光学系统中光学元件的曲率半径、厚度、空气间隔及折射率等均发生变化,导致像面产生离焦。离焦量超出光学系统的半焦深时,将导致成像质量严重下降。为保证成像质量,需要采用热控措施,补偿外界的温度变化。

3.11.2 大气压力对相机成像质量的影响

相机在不同的工作高度时大气压力不同,大气压力的变化会导致空气折射率的改变。在光学频率范围内,空气折射率可表示为

$$n = 1 + 77.6(1 + 7.52 \times 10^{-3} \lambda^{-2})(P/T) \times 10^{-6}$$

式中:P 为大气压力;λ 为工作波长;T 为热力学温度单位符号为 K。

折射率的改变可能会导致相机像面产生离焦,最大离焦量超出半焦深时,成像质量将受到影响。为了提升相机的使用可靠性,线阵测绘相机一般会采用密封措施,使相机光学系统保证恒压状态。

3.11.3 照相距离对相机成像质量的影响

当工作高度发生变化,相机照相距离也随之改变,如果照相距离超过一定限值,将可能引起相机离焦,影响成像质量。工作高度与焦距变化关系可表示为

$$\frac{1}{\Delta f + f} + \frac{1}{H} = \frac{1}{f}$$

式中:f 为焦距;H 为飞行高度。

由于 $f \gg \Delta f$,因此离焦量可近似表示为

$$\Delta f = \frac{f^2}{H}$$

由此可知,照相距离越远,引起的离焦量越小,对成像质量影响越小。因此,机载线阵测绘相机一般都会规定最小工作距离,如果照相距离小于该工作距离,相机的成像质量将会变差。

3.12 像移量分析

线阵测绘相机依靠行频对前向像移进行补偿(行频分析见6.2.1.1节),但对于基于线阵传感器的航空摄影测绘,飞机俯仰、横滚、偏流方向的姿态变化会对像移的补偿量造成影响,这种影响主要表现在:①由于相机连续成像,飞机姿态变化会造成成像条带扭曲,在线阵探测器的行和列两个方向产生像移,导致图像模糊,并由于相机倾斜成像而造成成像区域偏离目标区域;②在基于速高比的前向像移补偿过程中,当飞机存在姿态角时,会造成理论上需要补偿的像移速度与实际像移补偿速度之间存在误差,且姿态角越大,像移补偿剩余误差越大,从而导致成像分辨率下降。因此,要实现高性能的航空测绘,必须采用三轴稳定平台来消除飞机姿态变化的影响。

目前,在航空摄影测绘领域,比较先进的是莱卡公司的PAV30和PAV80三轴陀螺稳定平台。其中,PAV30的典型应用为RC30和ADS40航空测绘相机,PAV80为近几年推出的高性能平台,性能指标对比如表3-5所列。

表3-5 PAV30和PAV80典型性能指标对比

性 能 指 标		PAV30	PAV80
稳定范围	横滚/(°)	−5~+5	−7~+7
	俯仰/(°)	−5~+5	−8~+6
	偏流/(°)	−30~+30	−30~+30
垂直方向定位剩余偏差/(°)		<0.2	<0.02

从表3-5中可以看出,PAV80角度补偿范围大,能补偿更大的飞机姿态角,垂直方向位置补偿精度远高于PAV30平台。

由于相机按照速高比 η 进行前向像移补偿,当飞机不存在姿态角,即相机光轴保持垂直对地成像时,这种补偿是准确的。但是,当飞机存在俯仰、滚动、偏流姿态角时,理论上需要补偿的像移速度与速高比存在误差,从而导致产生像移速度补偿残差,且姿态角越大、速度补偿残差越大。这种残差在曝光时间内会产生像移,进而降低成像质量。下面分别分析俯仰角 θ、偏流角 φ、横滚角 ψ 对像移补偿的影响。

由于相机的像移补偿方向是和飞行方向平行的,当飞机存在俯仰角 θ 时,相当于像移补偿方向和地速方向存在夹角 θ,如图3-10所示。

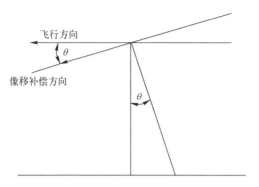

图 3-10 俯仰角对像移速度的影响示意图

设速高比为 η,从图 3-10 中可知,理论上需要补偿的前向像移速度为 $\eta f \cos^2\theta$,但相机实际补偿值仍为 ηf。因此,剩余像移速度为 $\eta f(1-\cos^2\theta)$。设 t 为曝光时间,则曝光期间剩余像移量为 $\eta f(1-\cos^2\theta)t$。由此可知,俯仰角越大,曝光期间的剩余像移量越大。

当飞机存在偏流角 φ 时,表明飞机的轴线与飞行方向存在夹角 φ,像移补偿方向和实际的飞行方向存在夹角 φ,如图 3-11 所示。

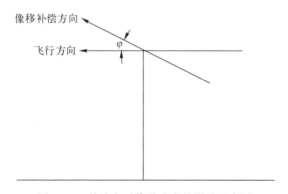

图 3-11 偏流角对像移速度的影响示意图

从图 3-11 中可知,由于偏流角的存在,在探测器上将产生两个像移速度分量:①在像移补偿方向上的像移速度分量 $\eta f\cos\varphi$;②在垂直像移补偿方向上的像移速度分量 $\eta f\sin\varphi$。但相机只在像移补偿方向上按速高比 η 进行补偿。因此,曝光期间像移补偿方向的剩余像移量为 $\eta f(1-\cos\varphi)t$,垂直于像移补偿方向的剩余像移量为 $\eta f t\sin\varphi$。从以上分析可知,曝光期间偏流角会在两个方向产生剩余像移量,且偏流角越大,剩余像移量越大。

当飞机存在横滚角 ψ 时,使得垂直相机转变为倾斜相机,导致像面到地面发生几何畸变,造成像面上各点的像移速度相差很大,如图 3-12 所示,其中 α 为相机半视场角。

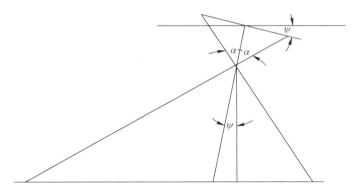

图 3-12　横滚角对像移速度的影响示意图

相机视场两端的像移速度分别为 $\eta f \dfrac{\cos(\alpha+\psi)}{\cos\alpha}$ 和 $\eta f \dfrac{\cos(\alpha-\psi)}{\cos\alpha}$,实际补偿速度仍为 ηf,则曝光期间剩余像移量为 $\eta f \left[1-\dfrac{\cos(\alpha\pm\psi)}{\cos\alpha}\right]T$。

机载线阵测绘相机在实际使用时,稳定平台补偿飞机姿态变化,保证相机垂直对地,相机的 POS 系统实时获取载机的高度、速度,并自动计算合适的行频,保证前向像移补偿的正确性。

第 4 章
机载线阵测绘相机光学系统

光学系统是机载线阵测绘相机的关键,直接决定了相机的成像性能。本章仍以 AMS-3000 大视场三线阵立体航测相机为例,对机载线阵测绘相机光学系统结构形式选取、主要指标分析、评价方法等进行介绍。

4.1 机载线阵测绘相机光学系统结构形式选取

根据第 3 章分析结果,机载线阵测绘相机光学系统设计参数如下:
(1) 焦距:130mm。
(2) 视场角:79°。
(3) 像元尺寸:5μm。
(4) 光谱范围:450~750nm。

根据上述技术指标,光学系统设计的难点在于同时实现高分辨率和大视场角,由于结构形式对称,视场增大带来的轴外像差相对较为容易平衡,特别是相对畸变。因此,准对称型复杂化双高斯物镜是首选,传统的胶片测绘相机基本上都选取准对称型复杂化双高斯物镜。但是随着航空测绘相机的数字化发展,准对称型复杂化双高斯物镜的应用局限性开始显现,主要体现在:

(1) 带微透镜阵列的数字探测器件要求像面光线入射角处于较小的范围。
(2) 双高斯物镜各个视场相对照度变化大,呈 $\cos^4\theta$ 衰减,这会影响整个系统的动态范围。
(3) 像方主光线入射角过大会使得各个谱段的响应率不同,造成不同视场的色差。
(4) 像方主光线入射角过大会压缩系统的焦深范围,使得相机的环境适应性变差。

(5) 像方主光线入射角过大时,光学系统焦平面位置变化会造成系统内方位元素发生较大改变,这直接影响系统的测绘精度。

像方远心光学系统可以改善以上不利因素,而且数字几何校正技术使得光学系统的畸变要求得到放松。但是像方远心光学系统针对大靶面成像时,其光学元件口径过大,光学材料的牌号选型以及获取渠道极为受限,而且均匀性难以保证;同时,整体体积和重量与航空成像光学相机的轻小化目标相违背。

针对上述矛盾,兼顾考虑主光线入射角、相对照度、畸变、体积尺寸等因素,优化设计了一种双高斯复杂化失对称准像方远心结构形式。该结构形式具有探测器适应性广、相对照度大、畸变小、环境适应性好、体积尺寸适中等优势。对于准对称复杂化双高斯光路、像方远心光路和准像方远心光路,3 种光学系统方案对比分析如表 4-1 所列。双高斯复杂化失对称准像方远心结构形式为大规模数字航空立体测绘相机的研制提供了一种有效可行的设计方案。

表 4-1　光学系统方案对比分析

光学方案	结构形式	特点
准对称复杂化双高斯光路		(1) 体积尺寸较小; (2) 相对孔径较大; (3) 畸变小; (4) 像面入射角大; (5) 相对照度差
像方远心光路		(1) 体积尺寸大; (2) 相对孔径适中; (3) 畸变较大; (4) 像面垂直入射; (5) 相对照度改善

(续)

光学方案	结构形式	特　点
准像方远心光路	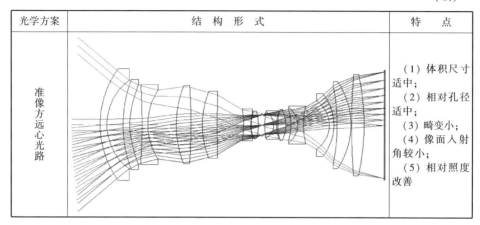	（1）体积尺寸适中； （2）相对孔径适中； （3）畸变小； （4）像面入射角较小； （5）相对照度改善

4.2　机载线阵测绘相机光学系统设计

光学设计以双高斯结构形式为基础进行失对称复杂化设计,靠近像面位置设置正组透镜,用于控制主光线入射角;前组元件远离光阑并通过复杂化设计尽可能平衡畸变;通过控制前组入瞳位置和光阑彗差,增加边缘视场相对照度;大折射率元件配合空气间隙提高系统相对孔径;由于谱段较宽,采用胶合镜组矫正色差,采用特殊玻璃矫正二级光谱;通过选择合理正负光热膨胀率的玻璃材料组合,实现光学被动温度补偿。采用 CODEV 设计软件对大视场三线阵航空测绘相机光学系统进行优化设计,最终设计结果为双高斯复杂化失对称准像方远心结构,如图 4-1 所示。

光学系统设计结果技术指标如下：

（1）焦距：$f = 130 \text{mm}$。

（2）相对孔径：$D/f = 1/5.6$。

（3）视场：$2\omega = 79°$。

（4）光谱范围：全色 $450 \sim 700 \text{nm}$。

（5）B：$430 \sim 500 \text{nm}$。

（6）G：$500 \sim 600 \text{nm}$。

（7）R：$600 \sim 650 \text{nm}$。

（8）畸变：全视场优于 0.07%。

（9）相对照度：全视场优于 57%。

(10) 光学系统总长:620mm。

(11) 光学元件重量估算:22kg。

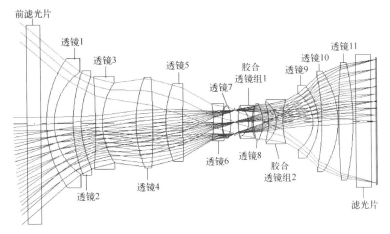

图 4-1　光学系统结构形式

4.3　像质评价

采用光学传递函数对像质进行评价,全色光学系统传递函数全视场优于 0.36@100lp/mm,如图 4-2 所示,图中纵坐标 MODULATION 为系统传递函数,

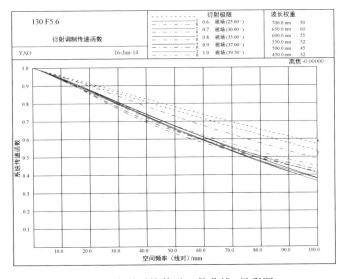

图 4-2　光学系统传递函数曲线(见彩图)

横坐标 SPATIAL FREQUENCY 为空间频率。

全色光学系统畸变曲线如图 4-3 所示，全视场相对畸变优于 0.07%。

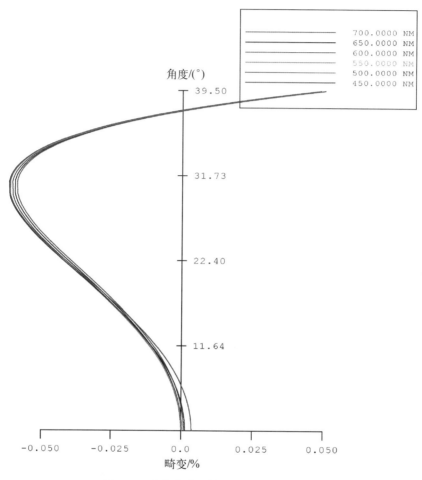

图 4-3　全色光学系统畸变曲线（见彩图）

全色光学系统点列图如图 4-4 所示。

在 $10\mu m$ 直径的圆内，能量集中度接近 80%，能量集中度曲线如图 4-5 所示。

边缘视场相对照度为 57.5%，相对照度曲线如图 4-6 所示。

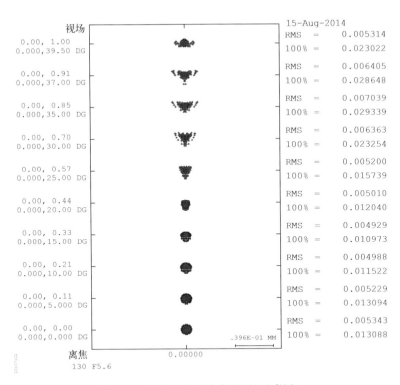

图 4-4　全色光学系统点列图(见彩图)

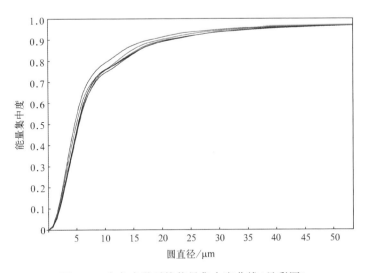

图 4-5　全色光学系统能量集中度曲线(见彩图)

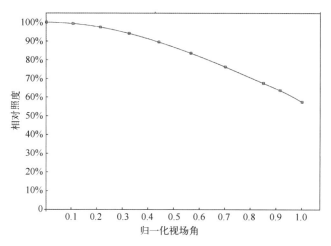

图 4-6 全色光学系统相对照度曲线(见彩图)

4.4 光学系统温度、气压和目标距离适应性分析

机载工作环境对光学系统的环境适应性提出了较高的要求,本节对光学系统的环境适应性进行分析。影响光学系统成像质量的主要因素包括温度、气压和目标距离。根据上述分析,系统半焦深计算公式为

$$\delta = \frac{\Delta}{2} = 2F^2\lambda = 0.035\text{mm}$$

式中:δ 为半焦深;Δ 为相机焦深;F 为镜头相对孔径的倒数,取 $F = 5.6$;λ 为工作波长,取 $\lambda = 565\text{nm}$。

4.4.1 温度适应性分析

温度变化会影响光学系统的镜片面型、曲率、厚度、空气间隔等。AMS-3000 大视场三线阵立体航测相机的光学系统镜片主要采用钛合金支撑结构配合胶粘工艺,因此光学镜片基本自由膨胀,不会对面形造成太大影响。通过合理选取正负光热膨胀率的玻璃材料组合,配合空气间隔材料钛和铝的选取,以实现光学系统较宽范围的温度适应性。由于系统相对复杂,不能简单用离焦量来评价温度适应性。该系统经过无热化设计后,不同温度情况下(兼顾密封情况下,温度引起的气压变化)的调制函数传递(Modulation Transfer Function,MTF)曲线、相对畸变曲线及主距如表 4-2 所列。

表 4-2　不同温度情况下的 MTF 曲线、畸变曲线及主距(见彩图)

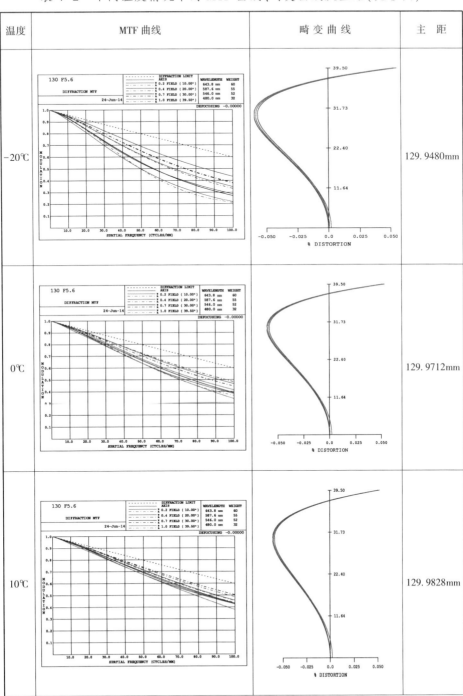

(续)

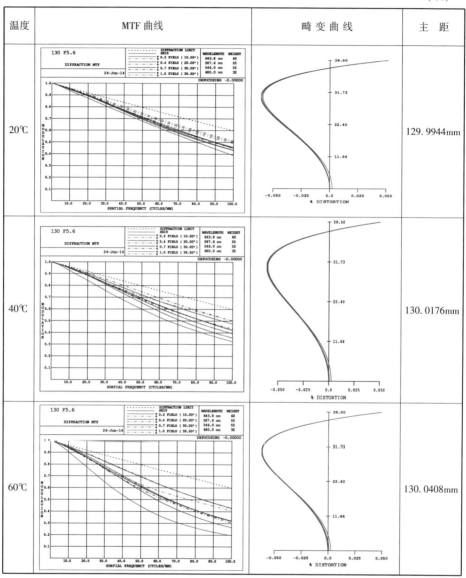

从表中可以看出,系统在均匀温度-20~60℃范围内,全视场 MTF 均能达到 0.2,在均匀温度 0~40℃范围内,全视场 MTF 均能达到 0.3,相对畸变优于 0.07%,无须温度调焦。

4.4.2 气压适应性分析

气压变化会影响光学系统的空气折射率和光学玻璃的折射率。在 AMS-

3000相机光学系统中,镜片和空间间隔数量较多,对气压很敏感。不同高度下离焦量如表4-3所列。

表4-3 不同高度下离焦量

工作高度/m	气压/kPa	离焦量/mm
500	95.46	−0.035
800	92.08	−0.055
1000	89.88	−0.076
2000	79.50	−0.141
5000	54.05	−0.352

不同海拔高度情况下系统传递函数如图4-7所列。

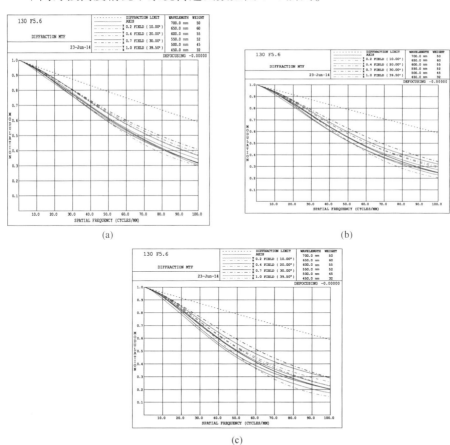

图4-7 不同海拔高度情况下系统传递函数(见彩图)

(a) 海拔500m;(b) 海拔800m;(c) 海拔1000m。

因为 AMS-3000 相机光学系统对气压敏感,所以需要采取气密措施。

4.4.3 工作距离适应性

光学系统在不同成像距离上的后工作距不同,不同成像距离下的离焦量如表 4-4 所列。

表 4-4 不同成像距离下的离焦量

工作高度/m	离焦量/mm
500	0.037
800	0.022
1000	0.017
10000	0.001

不同工作高度情况下系统传递函数如图 4-8 所列。

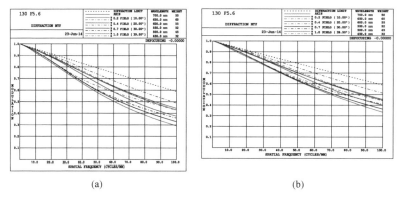

(a) (b)

图 4-8 不同工作高度情况下系统传递函数
(a) 工作高度 500m;(b) 工作高度 800m。

因此,该系统工作距离为 500~10000m。

4.5 透过率及杂光

为了提高光学系统的透过率,透镜表面应镀多层减反膜,单层减反膜透过率在 99% 以上,光学玻璃的光吸收系数应越小越好。计算透过率时,透镜的外表面和不等折射率的胶合面均应考虑在内,有

$$\tau = 0.9934 \times 0.997514 \approx 0.686$$

考虑到加工装调时的损失,光学系统的透过率应在65%以上。

为了减少杂光,透镜端面需涂黑,镜筒内壁做消杂光处理,设计消光螺纹并黑色阳极化处理。

4.6 公差要求

使用设计软件中的公差分析程序,对所有光学元件的加工、装调进行公差分析计算,公差参数包括半径、对光学样板的光焦度匹配、表面不规则性、元件厚度、空气间隔、元件偏心、折射率、阿贝数[①]及玻璃的不均匀性等。计算在奈奎斯特频率100lp/mm[②]处的MTF,通过分析每一公差参数在该空间频率下的MTF下降情况,最终确定合适的公差。对公差进行蒙特卡洛分析,得到的分析结果如表4-5所列。

表4-5 相机光学系统蒙特卡洛分析结果

90%概率 系统 MTF	≥0.27
50%概率 系统 MTF	≥0.33
10%概率 系统 MTF	≥0.35

公差的分析结果表明:按照设置的公差加工、装调后光学系统奈奎斯特频率处传递函数值90%概率不小于0.27,可以满足光学系统静态传递函数的要求。

---

① 阿贝数:又称色散系数,用于衡量透明介质的光线色散程度。一般来说,介质的折射率越大,色散越严重,阿贝数越小;反之,介质的折射率越小,色散越小,阿贝数越大。——编者注

② 1p/mm:线对/毫米,单反镜头分辨率的计算单位。——编者注

第 5 章
机载线阵测绘相机结构分系统

结构设计是航空线阵测绘相机设计的关键环节之一,是保证相机实现各项功能的基础。相机结构分系统设计主要围绕相机工作方式、光学系统、探测器布置、热控及电控方案等展开,要确保相机不但具有足够的刚度、强度,而且具有灵活适应环境条件变化的能力。

5.1 设计约束

相机结构设计约束可以概括如下:

(1) 尺寸、形状、重量。在方案论证阶段,根据载机和通用稳定平台限制以及光学系统初步设计结果,即可确定尺寸、形状及重量约束,并贯穿整个设计过程。

(2) 界面接口。重点包括机械界面接口和电接口。机械界面接口主要包括镜筒之间的接口、探测器与镜头接口、相机与稳定平台接口等;电接口主要包括相机与控制柜接口(包括与控制、数据传输、电源的接口)、稳定平台/IMU/GPS 与 PCS 接口、相机系统与飞机电源接口等。机械界面接口设计要考虑周全,设置合理,满足尺寸、形状、重量约束,方便装调及调试,电接口要有足够的可靠性。

(3) 环境适应性。影响相机性能的环境因素包括温度、压力、振动、冲击和飞机姿态变化等。通过合理选择材料并优化结构设计,相机光机元件可以满足振动、冲击要求,正常情况下不会松动或损坏;通过无热化设计、镜头无热应力装配以及气密、热控等手段,保证光学件的面形精度和像面位置变化不超出光学设计允许公差值,保持相机内方位元素稳定;采用三轴稳定平台对载机姿态变化进行补偿,保持成像连续性。

(4)加工及装调。相机结构设计应满足加工和装调过程中的工艺要求。

(5)维修性。相机系统最大限度采用标准件;各类标识明确;外场可更换单元和内场更换件安装操作简单,尽量采用快卸设计;具备维修安全性,严格避免维修人员受到任何伤害。

5.2 结构系统组成

航空线阵测绘相机包括相机本体和控制柜两部分。根据功能和环境适应性要求,相机本体包括镜头组件、焦平面组件、气密组件、热控组件、惯性测量单元(Inertial Measurement Unit,IMU)组件、相机框架组件、电控结构组件等。相机控制柜一般由控制柜支架、搭载的控制组件、操作显示屏组件及减振器等组成。

AMS-3000 三线阵航测相机本体结构组成示意图如图 5-1 所示,AMS-3000 三线阵航测相机控制柜结构模型图如图 5-2 所示。

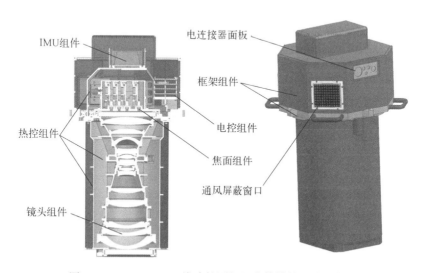

图 5-1　AMS-3000 三线阵航测相机本体结构组成示意图

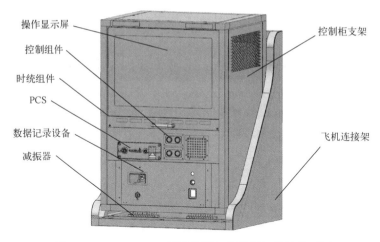

图 5-2　AMS-3000 三线阵航测相机控制柜结构模型图

5.3　材料选择

光机结构设计的首要原则是保证光学系统、探测器和测量器件（如 IMU）的环境稳定性；其次应在保证结构性能的前提下尽量减轻重量、降低成本。因此材料选择时主要关注刚度、密度、热稳定性和经济性等 4 个方面因素。

航空测绘相机典型结构材料及性能如表 5-1 所列。铝合金密度小，强度较高，是航空测绘相机承力结构的首选材料，但是线胀系数较大，热稳定性相对较差，用于光学元件支撑时需要进行光学性能核算。钛合金比强度和比刚度高，线胀系数与常见光学材料接近，是比较理想的光学镜头支撑材料，也用于其他关键支撑或承力结构。碳纤维材料密度小，比强度、比刚度高，材料力学性能可设计性好，在航空航天结构壳体上得到了广泛应用，可用于航空测绘相机的保护罩等部件。铟钢强度高，在一定范围内线胀系数可调，用于关键光机元件支撑结构，保证元件温度稳定性，但是密度大，会迅速增加结构重量。不锈钢材料强度、刚度高，经济型好，但密度大，一般只用于局部承力结构。镁合金密度低，导热性能优于铝合金，但是加工性能较差，可用于轻质导热结构。铝基复合材料刚度好，导热性能优异且热稳定性较好，可用于焦平面支撑结构。

表 5-1　航空测绘相机典型结构材料及性能

材料名称	密度 /(g/cm³)	弹性模量 /(10^{10}Pa)	热传导率 /(W/(m·℃))	比刚度 /(10^7N·mm/g)	线胀系数 (20~100) /(10^{-6}/℃)
铝合金 7075	2.8	7.1	124	2.53	23.8
铝合金 ZL114A	2.685	7.17	152	2.67	21.6
铝合金 2A12	2.8	6.8	121	2.43	22.7
钢钢	8.1	14.1	13.9	1.74	0.3~1.0
不锈钢 304	8.0	19.3	16.2	2.02	14.7
钛合金	4.44	10.9	7.4	2.45	9.1
镁合金	1.77	4.5	138	2.54	25.2
铝基复合材料	2.94	21.3	235	7.24	8.0
碳纤维复合材料	1.6	3.7	/	23.1	0~1

AMS-3000 三线阵航测相机光学元件数量多、口径大(包含 13 片光学透镜、1 片滤光片和 1 片保护玻璃,透镜最大口径超过 230mm),要求适应 -20~+60℃ 工作环境,因此光学元件的支撑结构选用了钛合金,保证相机镜头组件在重力、振动、冲击以及热应力共同作用下光学元件的面型精度和位置精度。IMU 支撑结构要求刚度高,环境稳定性高,也选用了钛合金。直接与探测器连接的基座结构选择了线胀系数与探测器陶瓷封装相匹配的特种钢钢材料,保证探测器温度变化时不受到热应力;焦平面支撑基板选择了铝基复合材料,保证焦平面组件热稳定性,同时保证探测器热量及时导出;其余结构选择了铝合金材料,满足结构性能且减轻整机重量,也具有足够的经济性。为进一步减轻重量,相机上盖选择碳纤维复合材料。

5.4　镜头组件设计

镜头组件设计的关键在保证光学系统尺寸稳定性和结构稳定性。对于非测绘用的航空相机一般会带有检调焦机构,可以对温度、压力造成的离焦进行补偿;但对于高精度的测绘相机,为了保持内方位元素稳定,一般不使用调焦机构,因此无热化设计对测绘相机镜头结构设计是必要的。

目前测绘相机光学系统多为透射式系统,因此本节介绍透射式镜头组件设计方法。镜头组件设计主要涉及光学界面选择及透镜安装。

5.4.1 光学界面选择

固定透镜时,透镜与镜筒、透镜压圈间的轴向定位接触通常有3种形式:透镜球面与机械件接触处为钝角(小锥面接触);透镜球面与机械件接触处相切(大锥面接触);透镜球面与机械件接触处曲率半径相同(球面接触)。透镜与镜筒、压圈轴向定位接触形式如图5-3所示。

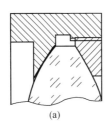
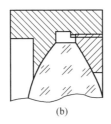
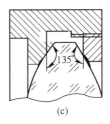

图5-3 透镜与镜筒、压圈轴向定位接触形式

(a)透镜与机械件相切接触;(b)透镜与机械件球面接触;(c)透镜与机械件成钝角接触。

在进行相机镜头设计时,综合考虑光学透镜的轴向应力及加工经济性,多选用透镜球面与机械件接触处相切的方案,此时需确定半锥角 α,如图5-4所示。

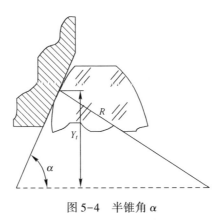

图5-4 半锥角 α

半锥角 α 可表示为

$$\alpha = 90° - \arcsin \frac{Y_t}{R} \tag{5-1}$$

式中:Y_t 为切点到光轴距离;R 为透镜曲率半径。

5.4.2 温度间隙设计

由于光学件与机械件线胀系数不可能完全相同,当环境温度发生波动时,二者的间隙发生变化,若真实的间隙比温度间隙小了,则在温度低到一定程度时,光学件与机械结构件之间产生应力,导致光学件的面型发生变化,影响成像质量。在结构设计时,充分考虑温度波动的影响,应遵循温度间隙公式。温度间隙 Δx 可表示为

$$\Delta x = D(\alpha_2 - \alpha_1)(T_2 - T_1) \tag{5-2}$$

式中:D 为内工作件直径;α_1 和 α_2 分别为外工作件和内工作件温度系数;T_2 为检验间隙时的温度;T_1 为最低或最高温度。计算模型如图 5-5 所示。

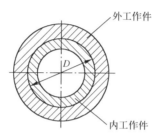

图 5-5 温度间隙计算模型

5.4.3 透镜安装

对口径小、偏心精度要求不高(偏心公差≥30″)的光学系统,可采用如图 5-6

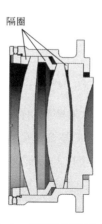

图 5-6 多透镜安装示意图

所示的透镜安装方法。透镜边缘轮廓与镜筒内轮廓直接形成配合表面,虽然由于缺少调整环节,多片透镜的共轴性基本靠加工精度保证,但是装调简单,装调效率高。

对于高性能的航测相机,一般光学系统整体尺寸比较大,镜头数量多,精度要求高(偏心公差≤30″),要保证系统在复杂使用环境中保持良好的共轴性,必须对每块透镜都设置足够的调整环节以完成高精度装调。目前主要是通过"镜座+镜筒"的双层结构设计来控制光学元件的偏心、倾斜等误差,既可以实现高精度定心装调,也可以提高整个镜头组件的刚度。"镜座+镜筒"双层结构示意图如图5-7所示。首先将每块镜头安装在独立镜座中,控制镜头与镜座的温度间隙,保证镜头温度稳定性;再将镜座安装在镜筒中,镜座与镜筒留有足够间隙用于调整镜座位置,同时对镜座端面倾斜进行修整,即可保证多片镜头的位置关系。

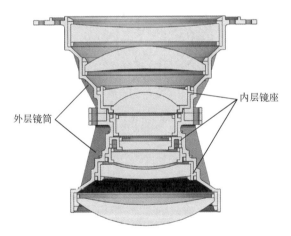

图5-7 "镜座+镜筒"双层结构示意图

5.4.4 AMS-3000 相机镜头结构设计

AMS-3000大视场三线阵立体航测相机的镜头设计模型如图5-8所示,将13片镜头分成3组以降低单组镜头装调难度;每组镜头都采用了"镜座+镜筒"双层支撑结构设计;镜头与镜座、镜座与镜筒间采用注胶固定,最终镜头可以达到10″精度定心装调,实现了相机的径向无热应力装配。

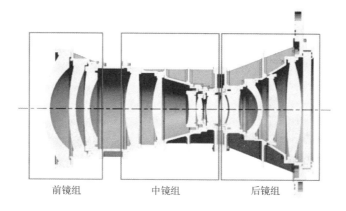

前镜组　　　　中镜组　　　　后镜组

图 5-8　镜头结构模型图

5.5　焦平面组件

线阵测绘相机焦平面组件主要由探测器、支撑结构、处理电路等组成，主要涉及探测器拼接、多条探测器共面/平行、散热等问题。

（1）当单条探测器长度不满足视场要求时，需要进行探测器拼接。常用的探测器拼接有机械拼接和光学拼接。光学拼接时需要引入分光棱镜进行分光，将像面分成空间分离的两个面，拼接长度受到棱镜限制；机械拼接是按一定重叠比例将多条线阵探测器首尾交错方式拼接在一起。无论何种拼接方式，拼接在一起的探测器都会存在直线度、平行度和共面度误差，对图像质量和测量精度产生影响，且拼接结构会导致相机复杂度和重量的增加。

（2）当相机采用多线阵成像时，相机焦平面上需要布置多条探测器，受限于加工及装配工艺，探测器感光面与其安装面的距离有尺寸误差，该误差会造成以探测器自身的安装基准作为参考面时，探测器的像素不在同一个平面上，相机性能下降，对相机分辨率、测绘精度等均产生影响。同时，为了保证前向像移补偿的正确性，多条探测器应相互平行，且严格与载机飞行方向垂直。为了保证立体成像及正射影像制作，多条探测器在光学系统的焦平面内不仅要平行，相互之间还应具有严格的相对位置关系。

（3）通常情况下，探测器工作时都会产生大量的热，温度升高不仅会影响探测器自身及光学系统成像性能，还会引起自身及支撑结构的尺寸变化。因此在焦平面组件设计时，既要考虑温度稳定性保证探测器尺寸稳定，也要考虑整体的导热、散热性能。

AMS-3000三线阵相机焦平面组件结构图如图5-9所示。AMS-3000三线阵相机焦平面实物图如图5-10所示。

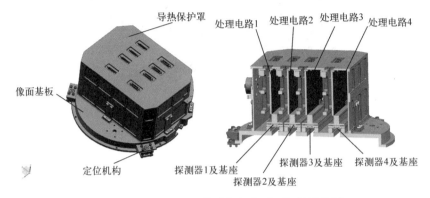

图5-9　AMS-3000三线阵相机焦平面组件结构图

图5-10　AMS-3000三线阵相机焦平面组件实物图

AMS-3000三线阵相机的4条超长探测器平行布置。采用长线阵探测器，使得单条探测器不存在拼接引起的平行度和共面度问题，但是对探测器线阵方向上的尺寸稳定性(直线度)也提出了更高的要求。因此，AMS-3000三线阵相机先将探测器固定在基座上，再将基座安装在像面基板上。如5.3节所述，探测器封装、基座和像面基板材料线胀系数相匹配，保证了温度波动时探测器尺寸稳定；通过调整基座厚度来保证所有探测器共面，精度优于0.01mm；通过像面拼接仪精密测量，保证4条线阵探测器相互平行并保持严格位置关系，平行精度可达到2μm。采用导热保护罩将探测器及其处理电路产生的热导向外界，使探测器位置的热量不至于累积。

5.6 镜头气密组件

大气压力变化会导致光学镜头间空气间隔折射率发生变化,当变化过大时会造成相机超过允许范围的离焦,图像质量下降。在光学系统设计完成后,可评估气压对成像质量的影响,从而决定是否有必要对相机镜头进行气密设计。AMS-3000 三线阵相机在不同高度下的离焦量如表 5-2 所列。根据第 3 章的分析结果,光学系统对气压变化敏感,因此相机需要对镜头组件进行气密处理。

表 5-2 不同工作高度下离焦量

工作高度/m	气压/mmHg	离焦量/mm
500	716.02	-0.035
800	690.64	-0.055
1000	674.13	-0.076
5000	405.40	-0.352

以最小的尺寸和重量代价,设计了 AMS-3000 三线阵相机镜头气密组件结构,如图 5-11 所示。基于相机的实际结构,通过将密封筒、风机、镜筒组件、滤

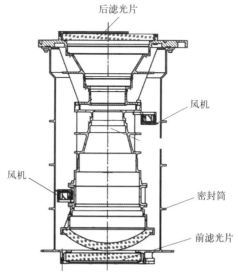

图 5-11 AMS-3000 三线阵相机焦平面气密组件结构示意图

光片、保护玻璃集成在一起,形成一个密闭腔体,隔绝内外空气流动。各部件间连接表面设置密封圈并胶封,保证气密有效性,同时将密封筒设计为热控组件的一部分,实现了相机结构的最大化利用。进行气密设计后,相机可以有效防止大气中的灰尘等进入镜头内部污染或腐蚀光学元件。

5.7 热控组件

热控组件对温度过高或过低时不能正常工作的组件或整机进行热控设计,热控包括加热和散热两个方面。对于线阵测绘相机,需要热控的部件或组件包括镜头、焦平面及某些电子元器件等。

对镜头进行热控设计的目的,是保证镜头组件处于均匀、稳定的温度环境中。首先保证相机镜头温度梯度维持在允许范围内;其次可使镜头实际工作温度尽量接近最佳工作温度。光学系统本身在轴向和径向上,由于安装位置、靠近发热元件等原因,也会存在温度梯度,且这种温度梯度对光学性能的影响不能靠材料匹配或结构设计消除,将会引起光学系统的性能下降。因此,必须进行镜头热控设计。

此外,探测器及处理电路只适用于−20~+60℃工作环境,但是探测器及处理电路工作时会产生大量的热量,一般会因温度过高影响性能甚至无法工作,需要采取散热措施。相机内的其他电子元器件一般也只适用于−20~+60℃工作环境,自身发热或环境温度过低都可能导致无法正常工作,因此也需要进行热控。

AMS-3000三线阵航测相机内部典型部件热控指标如表5-3所列。

表5-3　AMS-3000三线阵航测相机内部典型部件热控指标

序　号	部　　　　件	指标/(℃)
1	焦平面组件	20±10
2	IMU组件(含支架)	−20~40
3	镜筒	20±20
4	透镜组	20±20
5	光学系统轴向温差	≤5
6	光学系统径向温差	≤5
7	电控组件	≤60

相机典型工作高度为 2000m,空中温度相对地面降低约 13℃,根据表 5-3,在 0~40℃ 范围内相机镜头组件可以不热控。根据作业地点和季节不同,空中最高温度不会超过 10℃,但最低温度可能远低于 0℃,因此 AMS-3000 三线阵航测相机需对镜头提供加热措施。热控方案是在密封筒(见图 5-11 和图 5-12)外侧粘贴加热膜加热密封筒内部空气,并通过图 5-11 中 2 处风机形成密封筒内部的空气循环,使得整个密封筒内部温度均匀、稳定,从而保证内部镜头组件工作环境温度均匀、稳定。

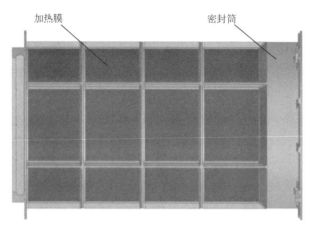

图 5-12　镜头热控组件原理图

根据表 5-3,焦平面组件实际工作环境温度显然超过其要求温度范围,需要既能加热也能散热的热控措施。AMS-3000 三线阵航测相机将焦平面组件、IMU 组件和电源板等都布置在图 5-1 所示的框架组件内,设计了针对整个框架的热控组件,主要由直流风机、散热片、帕尔贴[①]、导热结构等组成,如图 5-13 所

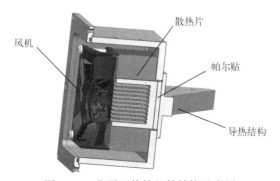

图 5-13　焦平面热控组件结构示意图

---

① 帕尔贴是一种热电半导体致冷组件——编者注

示,共布置两组。其原理是通过控制帕尔贴的电流方向产生所需要的加热源或制冷源,使用导热结构连接帕尔贴与探测器及处理电路板、发热电子元件,控制帕尔贴电流进行温度闭环热控,从而使框架组件温度保持在指标要求范围内。

针对上述热控组件进行了仿真分析,相机镜头及焦平面组件在低温(环境温度-20℃)和高温(环境温度+20℃)工况工作 5h 后的温度仿真结果如图 5-14~图 5-17 所示,满足表 5-3 指标要求,证明热控措施有效。

热控组件仿真分析详见第 7 章。

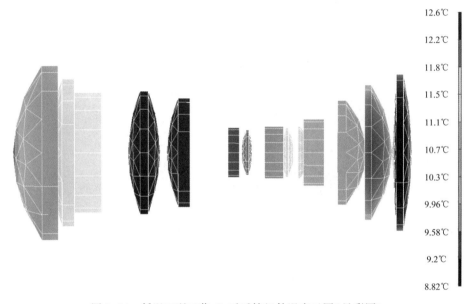

图 5-14　低温工况工作 5h 后透镜组件温度云图(见彩图)

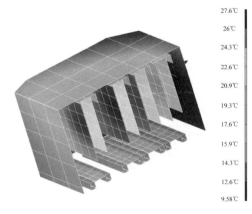

图 5-15　低温工况工作 5h 结束时焦平面组件温度云图(见彩图)

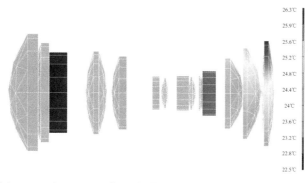

图 5-16　高温工况工作 5h 结束时透镜组件温度云图(见彩图)

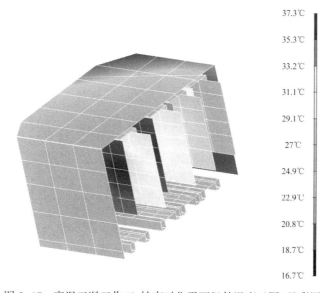

图 5-17　高温工况工作 5h 结束时焦平面组件温度云图(见彩图)

5.8　IMU 组件

高精度线阵测绘相机必须使用 IMU 测量外方位元素,用于后期的图像处理。原理上,IMU 与相机刚性连接,IMU 测量坐标系与像空间坐标系完全重合,但是由于实际物理结构限制及加工和安装误差的存在,IMU 测量坐标系与像空间坐标系的方向也不可能完全一致,存在视准轴误差。因此 IMU 安装位置和角度的偏差需要经过精密测量和标定。

AMS-3000 三线阵航测相机 IMU 支撑结构如图 5-18 所示。IMU 支撑架材料选择与相机主支撑结构相同的钛合金(ZTC4)，保证其结构的高强度与温度稳定性。

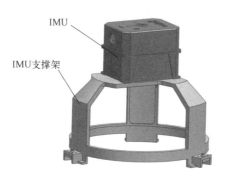

图 5-18　IMU 支撑结构

5.9　控制柜结构设计

相机控制柜在功能上是相机电控系统的一部分，负责相机的外部控制和人机接口输入及显示，一般将体积、重量较大的电控组件放置在控制柜内。

体积、重量、减振及安装是控制柜设计的主要考虑因素。体积小、重量轻，则控制柜方便搬运，也减少对载机空间的需求；由于载机发动机及气流影响，飞机振动比较大，有可能造成控制柜内部电控元器件失效。因此，控制柜必须有减振功能。此外，控制柜结构设计时必须保证在飞机上安装、拆卸操作简单，出现故障时便于快速替换维修。

图 5-2 为 AMS-3000 三线阵相机的控制柜结构图，飞机连接架与飞机刚性连接，并通过减振器与控制柜支架连接，为安装在控制柜支架内的控制组件隔离飞机振动；所有控制组件均采用抽屉式安装，需要时抽出即可拆卸，抽屉式结构如图 5-19 所示。控制柜结构材料全部选用铝合金，在保证结构强度、刚度的同时降低重量。AMS-3000 三线阵相机控制柜的整体安装拆卸，需要两人完成，其内部控制组件的拆卸只需单人即可操作。

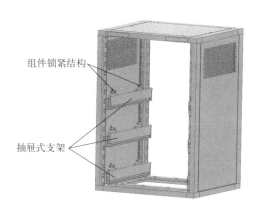

图 5-19 抽屉式支架结构图

5.10 工程分析

相机结构设计完成后,首先需要对相机部件及组件进行强度、刚度、谐振等力学性能分析;其次是对光机集成后在外力和外部环境扰动下光学元件面形和位置变化进行分析,用于光学性能复算。如果力学性能或光学性能不能满足要求,则需要重新对结构进行优化设计。目前,有限元分析是工程分析的主要手段,MSC Nastran、Abaqus 等常用有限元软件可基本满足结构分析的全部需求。

以 AMS-3000 二线阵相机方案镜头组件为例,使用 MSC Nastran 软件进行工程分析,主要采用六面体实体单元进行结构网格划分,其中肋板等薄壁结构采用板壳单元进行网格划分,透镜和镜筒间通过胶层进行连接,其他连接部件进行合理的简化处理,有限元网格模型如图 5-20 所示。总单元数为 122476,节

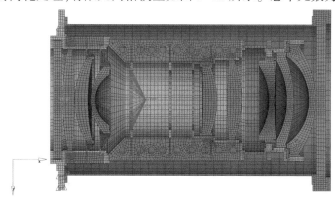

图 5-20 有限元网格模型

点数为 156805。

在垂直光轴及光轴方向，$1g$ 重力加速度及 $+10\,^\circ\text{C}$ 降温工况下，镜头结构变形和 Mises 应力分析如图 5-21 和图 5-22 所示。

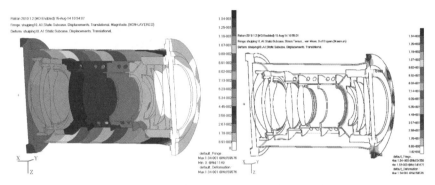

图 5-21　垂直光轴方向变形及应力分析（见彩图）

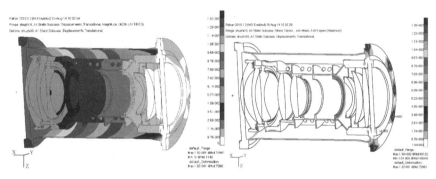

图 5-22　水平光轴方向变形及应力分析（见彩图）

相机镜头在有约束条件下的前 3 阶固有频率和振型分析结果如图 5-23～图 5-25 所示。

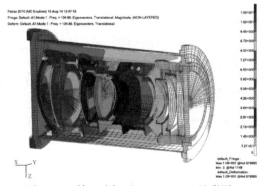

图 5-23　第 1 阶振型（134.9Hz）（见彩图）

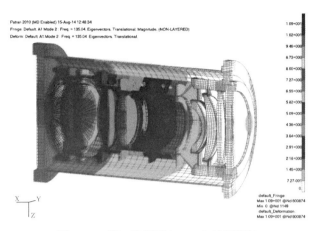

图 5-24　第 2 阶振型(135Hz)(见彩图)

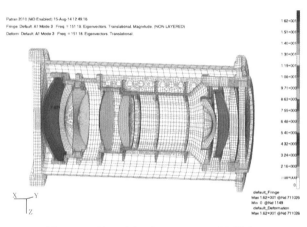

图 5-25　第 3 阶振型(151.2Hz)(见彩图)

镜头在光轴方向、$1g$ 重力加速度及 $+10$℃降温工况下,光学元件面形分析结果(0201~1602 依次对应图 5-20 由左至右光学元件表面),RMS 值变化均小于 $\lambda/50$,如表 5-4 所列。

表 5-4　面形计算结果

镜　　面	面形变化/nm	
	PV	RMS
0201	3.38	0.736
0202	3.37	0.740
0301	3.21	0.688
0401	5.46	1.35

（续）

镜　面	面形变化/nm	
	PV	RMS
0402	5.04	1.29
0501	1.64	0.326
0502	1.82	0.312
0601	2.20	0.335
0602	6.43	0.809
1401	32.1	6.29
1402	28.2	5.29
1501	49.8	7.00
1502	74.4	9.72
1601	39.0	4.56
1602	37.3	4.99

第 6 章
机载线阵测绘相机电控分系统

本章结合 AMS-3000 三线阵相机,对机载线阵测绘相机的电控分系统进行具体介绍。

6.1 电控分系统组成

AMS-3000 三线阵相机电控分系统由主控子系统、本控子系统、POS 子系统、稳定平台 PAV80、热控控制子系统、探测器子系统、高速图像输出子系统、时统子系统和机上存储子系统等组成。其中,主控子系统、热控控制子系统、探测器子系统、时统子系统、高速图像输出子系统和 POS 子系统的 IMU 部分组成相机本体的电控分系统;本控子系统、机上存储子系统和 POS 子系统的 PCS 组成相机控制柜的电控分系统。

AMS-3000 三线阵相机电控分系统原理图如图 6-1 所示,其中:相机本体安装在稳定平台 PAV80 上,PAV80 通过固定板和固定螺钉与飞机刚性连接;相机本体和稳定平台 PAV80 通过导线与相机控制柜,POS 系统的天线安装在飞机上方无遮挡位置。

POS 系统由 GPS 天线、POS-IMU 和 POS-PCS 组成。热控子系统在第 7 章单独进行介绍。

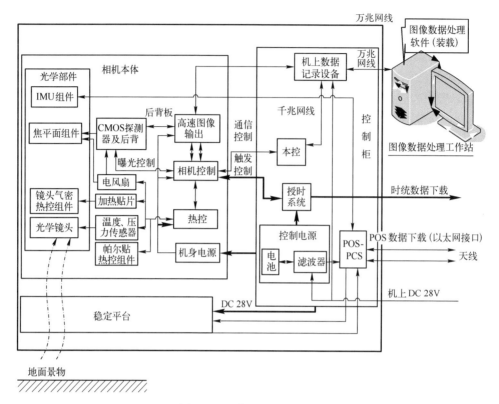

图 6-1 电控分系统原理图

6.2 主控子系统

主控子系统是整个相机的核心控制部分,其主要功能包括成像控制、时间控制和协调各子系统工作。它与本控子系统通过串行总线连接,接收本控子系统发送的控制指令和工作参数,解析成内部工作指令控制相机本体进行测绘摄影工作,同时将工作状态和工作参数上传至相机控制柜,在相机控制柜上显示后供相机操作人员参考;主控子系统与 POS 子系统的 PCS 通过串口通信,接收 POS 子系统的位置姿态信息和时间信息;主控子系统通过串行总线与温度控制子系统和高速图像输出子系统进行通信,控制其工作;主控子系统通过独立的串行总线与各个探测器进行通信,对探测器进行配置,采集探测器信息等工作,同时通过独立的差分信号对探测器进行曝光控制。

主控子系统由 FPGA 控制器、电源模块、电平转换模块和接插件组成,如

图 6-2 所示。其中:FPGA 控制器作为主控子系统的核心模块,负责整个相机工作的参数计算、工作状态切换、时间恢复等功能;电源模块将相机本体电源转换成主控子系统的供电电源;接口电平转换模块将 FPGA 控制器输出的 TTL 电平转换成标准 RS232 电平和 RS422 电平;主控子系统通过电路板上各个接插件与其他子系统相连。

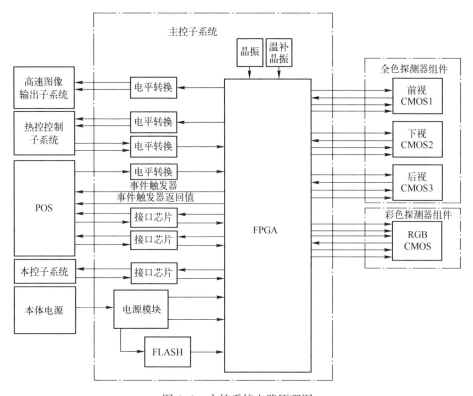

图 6-2 主控系统电路原理图

6.2.1 成像控制

成像控制是整个相机的最关键部分,包括像移补偿和调光控制。它直接影响测绘摄影工作获取图像的分辨力。分辨力是指相机能以足够的反差分辨目标细节的能力,是照相系统的重要指标。相机对细节的分辨力越强,照片上所包含的信息量就越多。这一指标受诸多因素影响,其中最主要的就是像移和曝光量过度或不足。

主控子系统通过 FPGA 控制器内部参数计算,分析出当前飞行、光照、地面景物条件下探测器应有的工作模式,再将该模式通过 FPGA 控制器的接口模块发送至探测器接口,再连接至探测器系统。成像控制的核心内容就是控制探测器进行曝光的周期和每次曝光时间的长短。探测器提供了 4 种曝光模式:

(1) 内部触发;

(2) 外部触发,曝光时间由寄存器设置;

(3) 外部触发,触发信号下降沿控制曝光时间;

(4) 外部触发,曝光时间最大。

为了得到更准确的曝光周期,选择第 3 种曝光模式,通过探测器的配置端口将各探测器配置成"外部触发,触发信号下降沿控制曝光时间"模式,仅通过一个差分端口对探测器进行曝光控制。当差分控制端口输出为低电平时,探测器不进行任何工作;当差分控制端口输出为高电平时,探测器模块采集到上升沿时开始曝光,采集到下降沿时停止曝光,并输出图像,进而通过 FPGA 控制器的内部参数计算中的像移补偿和调光控制对曝光周期和曝光时间长短进行控制,进而提高图像的分辨力。

6.2.1.1 像移量控制

机载线阵测绘相机在飞机前向飞行中对地成像,像移是一个必须要考虑的因素。在曝光时间内,相机相对于地面目标的移动造成了像移,影响像移的因素有飞机前向飞行造成的前向像移、飞机飞行姿态变化造成的角位移、飞机振动造成的振动像移。AMS-3000 采用 PAV80 稳定平台补偿飞机的飞行姿态及振动,同时采用缩短曝光时间的方式,控制飞机前向飞行引起的像移量。由 3.8 节的前向像移补偿公式可知,前向像移速度和速高比成正比,而相机的焦距和像元尺寸为已知,则相机成像的曝光周期可表示为

$$\tau = \frac{b}{v} = \frac{b}{\eta \times f} \tag{6-1}$$

式中:τ 为相机成像的曝光周期(s)。

为了保证像移量不大于 1 像元,则相机的曝光时间不能大于式(6-1)的曝光周期,设定相机成像时的曝光时间最大为曝光周期的 1/2,则产生的前向像移量不超过 0.5 像元。

6.2.1.2 调光控制

成像控制的另一个重要功能就是调光控制,调光控制就是设置适当的探测器增益和曝光时间使得摄影获取的图像亮度适中,目标清晰。对曝光量进行计

算,主要分为4步:

(1) 地面景物反射亮度计算;

(2) 地面景物在相机入瞳处亮度计算;

(3) 探测器曝光量计算;

(4) 探测器输出灰度值计算。

地面景物亮度 L_0 计算公式为

$$L_0 = \frac{E_0 \rho_A}{\pi} (\text{cd}/\text{m}^2) \tag{6-2}$$

式中: E_0 为地面景物照度(lx[①]); ρ_A 为地面景物反射率。

地面景物反射光线传输到相机入瞳处经历了大气的衰减,大气衰减率可表示为

$$\tau_a = e^{-3.91 \frac{R\sigma_v}{V}} (\text{W}/\text{m}^2 \times \text{sr}) \tag{6-3}$$

式中: V 为水平面大气能见度(km); R 为目标实际作用距离(km); σ_v 为对流层中大气斜程修正因子。

经过大气衰减地面景物在相机入瞳处的亮度 L 可表示为

$$L = L_0 e^{-3.91 \frac{R\sigma_v}{V}} (\text{W}/\text{m}^2 \times \text{sr}) \tag{6-4}$$

地面景物入射到相机入瞳处的光线在相机像面上的所成像的照度 E 可表示为

$$E = \frac{\pi}{4} \cdot \left(\frac{1}{F}\right)^2 \cdot L \cdot \tau_g (\text{W}/\text{m}^2) \tag{6-5}$$

式中: $1/F$ 为相机实际相对孔径; τ_g 为相机光学系统透过率。

将式(6-4)代入式(6-5),则可得

$$E = \frac{\pi}{4} \cdot \left(\frac{1}{F}\right)^2 \cdot \tau_g \cdot L_0 e^{-3.91 \frac{R\sigma_v}{V}} (\text{W}/\text{m}^2) \tag{6-6}$$

探测器在曝光时间内接收到的能量可表示为

$$\Psi = 10^5 \cdot \frac{E}{683} \cdot t (\text{J}/\text{m}^2) \tag{6-7}$$

式中: t 为曝光时间; 系数683为焦耳与流明之间的比例系数, 有 $1\text{J} = 683\text{lm}$。

相机成像探测器输出灰度值可表示为

---

① $1\text{lx} = 683\text{W}/\text{m}^2$。

$$O_{\text{CMOS}} = G_A \cdot \frac{R_{\text{CMOS}}}{\eta} \cdot H \qquad (6-8)$$

式中:G_A 为探测器模拟增益系数;R_{CMOS} 为 CMOS 探测器的响应度(DN/(nJ·cm^{-2}));η 为明视觉光谱光视效率。

将式(6-6)和式(6-7)代入式(6-5),可得

$$O_{\text{CMOS}} = \frac{36.6 E_0 \cdot \rho_A \cdot \tau_g \cdot t}{F^2 \cdot \eta} \cdot e^{-3.91\frac{R\sigma_v}{V}} \cdot G_A \cdot R_{\text{CMOS}} \qquad (6-9)$$

调光控制通过设置探测器模拟增益系数和曝光时间进行调光控制。

6.2.2 时间控制

机载线阵测绘相机测绘精度与拍照时刻外方位元素的记录精度密切相关,外方位元素由 POS 记录并存储。数据处理时,根据相机的拍照时间,在 POS 记录的数据中查找拍照时的外方位元素,所以精确的时间精度尤为关键。相机时间控制主要由两部分组成:时统子系统和备用时间系统。

备用时间系统调用的是 FPGA 控制器中的时间恢复系统,接收 POS 发送的时间,恢复成本地时间系统。在拍照时,将拍照时刻的时间记录并写入注释信息。主控子系统与 POS-PCS 中 I/O1 接口上的 PPS 脉冲信号和 COM5 提供的"时间恢复信息"。PPS 输出设置如图 6-3 所示。

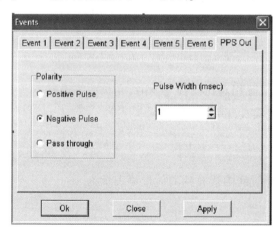

图 6-3 PPS 输出配置

COM5 时间输出格式为
ttPPS,hhmmss.ss,dddddd,wwwwww,fff.ff,pppppp,*hh,<CR><LF>
具体含义如表 6-1 所列。

表 6-1　COM5 时间输出格式

细　则	定　义	内　容	单　位
$ttPPS	带 ID 号的帧头	$ttPPS	Tt = IN or GP
hhmmss.ss	协调世界时(UTC)时间	时间	时/分/秒.毫秒
dddddd	日期偏移量	时间	天
wwwwww	GPS 周	时间	周
fff.ff	协调世界时(UTC)时间偏移量	时间	秒
pppppp	秒脉冲(PPS)计数	个数	无
*hh	检验和	16 进制数值	无
<CR><LF>	帧尾	<CR><LF>	无

POS 系统的 PCS 通过 COM5 端口发送 $ttPPS 信息,包含秒脉冲(PPS)的协调世界时(UTC)时间。POS 系统接收到 GPS 信号,经过卡尔曼滤波和误差控制,通过 PPS 端口输出精确的 PPS 秒脉冲,脉冲沿对应此刻的 UTC 时间。PPS 秒脉冲可在 AV POSView 中配置成上升沿授时或下降沿授时,AMS-3000 系统设计为下降沿授时。备用时间系统由 FPGA 控制器设计,PPS 和 $ttPPS 通过两条链路并行接收。$INPPS 路设计时间寄存器,该寄存器中存储着接收到的时间。由于 PPS 信号和 $INPPS 同时发送,当 PPS 下降沿时,$ttPPS 发送的信息先存储到时间缓存器中,通过检验和后再存入时间寄存器,因此造成时间延迟 1s,即每次 PPS 下降沿来临时,时间寄存器中存储的时间是当前 UTC 时间减 1s。当 FPGA 接收到 PPS 端口信号的下降沿时,系统时间停止累加,将时间寄存器中的 UTC 时间加 1s 赋值给系统时间,完成系统对时。FPGA 工作主频为 80MHz,可估计系统对时最大误差为两个主频周期 12.5ns。

6.2.3　协调子系统

作为相机整体工作的中枢,主控子系统最主要的功能就是协调各子系统工作。温度控制系统和高速图像输出系统通过 RS422 总线与主控子系统连接,根据广播方式和子系统地址接收主控子系统发送的指令和参数;全色探测器 1、全色探测器 2、全色探测器 3 和彩色探测器分别通过两个独立的差分端口与主控子系统连接,两个差分端口分别接收主控子系统的指令和曝光信号;时统子系统通过 RS422 与主控子系统连接,接收主控子系统发送的清零信号和触发信号。

协调子系统工作主要有:

（1）主控子系统产生相机内部时序，保证热控子系统、高速图像输出子系统、时统子系统、全色探测器1、全色探测器2、全色探测器3和彩色探测器按照同一个节奏进行工作；

（2）保证4个探测器同一时刻开始成像；

（3）所有子系统同时接收自检、准备、拍照、停止拍照等指令，并同时进行自检操作、准备操作和拍照操作；

（4）保证每个探测器每一行的图像的帧序号与时统内部存储时间的序号、主控子系统内部备用时间系统中时间序号相同。

6.3 本控子系统

本控子系统是相机控制柜的核心部件，是人机交互中枢，负责对相机本体、PAV80陀螺稳定平台的控制，以加固笔记本计算机为硬件运行载体，使用者通过人机交互界面操作相机。

本控子系统与主控子系统之间的通信，使操作人员可以使用相机控制柜对相机本体进行操作。可以通过控制柜左侧按键控制相机进行自检、准备、图像测试、拍照、平台启停、风机开关并载入XML文件等。还可以通过相机控制柜输入辅助参数系统，对相机进行参数修正，包括手动行频、线成像模式、Binning模式和测区高度设置。

（1）手动行频用于地面测试，当地面测试时，相机POS无法正确产生高度和速度，因此行频计算不正确导致图像模糊。此时操作人员可以手动输入行频，使相机获得清晰的图像。

（2）线成像模式分为3种：1线模式、2线模式和4线模式。2线模式和4线模式有类似于传统TDI CCD相机的功能，在光照度过低时，选择2线模式或4线模式可以提高图像的信噪比。

（3）Binning模式下探测器输出Binning图像，探测器像元大小增加一倍。

（4）测区高度。在进行测区摄影时，应首先进行测区平均海拔高度设置，用于计算飞行时飞机的场高，从而计算出准确的行频。

除了控制相机工作流程和输入相机工作辅助参数，操作人员可以通过本控子系统获取测区标号、航线标号、航线方向、相机工作参数、相机故障信息和设备状态。本控子系统界面如图6-4所示。

图 6-4　本控子系统界面

6.4　POS 子系统

POS 子系统主要由位置计算系统（PCS）、惯性测量单元（IMU）和全球导航卫星系统天线（GPS 天线）3 部分构成。AMS-3000 三线阵相机采用 Applanix 公司的 POS AV610 子系统，如图 6-5 所示。

图 6-5　POS 子系统组成

POS 子系统主要具备以下功能：

(1) 运动测量(实时位置和姿态信息);

(2) 安装参数存储;

(3) 数据记录;

(4) 自动开始;

(5) 自动记录;

(6) 自动恢复;

(7) 故障检测、识别和重新配置;

(8) 时间标签;

(9) 备份记录;

POS 子系统安装后,需要设置以下 4 个参数:

(1) 参考坐标系到 IMU 中心距离。

x 分量:从参考点到 IMU 原点,正值表示 IMU 在参考系原点前面;

y 分量:从参考点到 IMU 原点,正值表示 IMU 在参考系原点右侧;

z 分量:从参考点到 IMU 原点,正值表示 IMU 在参考系原点下方。

(2) 参考系原点到 GNSS 天线中心距离,即从参考系坐标原点到主 GNSS 天线相位中心位移。该位移分量为飞机坐标系中给出。

x 分量:从参考点到 GPS 天线相位中心,正值表示 GPS 天线在飞机坐标系原点前面;

y 分量:从参考点到 GPS 天线相位中心,正值表示 GPS 天线在飞机坐标系原点右侧;

z 分量:从参考点到 GPS 天线相位中心,正值表示 GPS 天线在飞机坐标系原点下方。

(3) IMU 相对参考系安装角,即一个坐标系相对于另一个坐标系的物理角偏移。按照"Tate-Bryant"旋转顺序(z,y,x 顺序),将第一个坐标系与第二个坐标系对齐。按顺序旋转后,将参考系与 IMU 系对齐。

(4) 参考系相对飞机系安装角。按顺序旋转后,将飞机坐标系与参考系对齐。

POS 子系统的数据记录使用存储卡(PC 卡)记录,也可以使用另外一台计算机记录;PC 卡数据需要使用驱动器读取,数据记录的文件为 12MB。POS 子系统工作流程如图 6-6 所示。

第 6 章 机载线阵测绘相机电控分系统

图 6-6　POS 子系统工作流程图

6.5　数据记录子系统

机上数据记录子系统由载荷数据存储设备、配套 API 软件及配套附件组成。其中，载荷数据存储设备（含嵌入式软件）实现载荷数据的采集、转发、存储、检索、访问、回放等功能；配套 API 软件部署在存储系统外部，为用户提供系统监控、数据访问和数据回放控制等功能接口。

机上存储子系统的功能如下：

（1）相机数据记录功能。实现多通道高速数据同步记录功能，可通过更换接口适配模块，支持 Cameralink 或者 Rapid IO 数据记录接口。

（2）实时数据转发功能。在记录的同时提供载荷数据实时转发功能，可按载荷传感器通道号，选择指定通道数据进行实时转发。转发接口支持万兆和千兆以太网接口。

（3）大容量数据存储与管理功能。对各个探测器数据进行存储，并实现多探测器数据统一管理，支持数据检索、访问、删除、清空等功能。

（4）多用户并发数据访问功能。在记录的同时实现数据访问功能，支持用户通过配套 API 查询并读取已记录的数据,支持多用户并发数据访问。数据访问接口支持万兆和千兆以太网接口。

（5）数据回放功能。实现数据回放功能,支持用户通过配套 API 将机上数据记录设备中的各个载荷的存储数据转存到地面盘阵列进行存储和管理;支持存储体可插拔方式回放,即可将存储体从机载设备拔下,然后插到地面转存设备进行数据回放。数据回放接口支持万兆和千兆以太网口。

（6）数据销毁功能。提供数据一键销毁功能,支持用户通过网络命令或通过设备面板触发数据销毁。销毁后数据无法恢复。

（7）系统监控功能。支持用户通过配套 API 实时监视机上数据记录设备内各个模块的工作状态、剩余存储容量、故障等信息;机上数据记录设备内各个模块上电后处于就绪状态,支持用户控制设备执行自检、复位、记录、停止记录、查询数据文件目录、数据删除、数据清空等操作。系统监控接口采用千兆以太网口。

6.6 时统子系统

时统子系统和主控子系统的备用时间系统一起组成三线阵航测相机的时间系统。时统子系统主要的作用是记录时间。其连接 GPS 天线接收信号后,经过卡尔曼滤波和误差控制,产生内部时间系统。在相机进行摄影工作时,主控子系统在探测器的曝光时刻向时统子系统发送触发信号,时统子系统将时间记录,并在存储的时间前加入序号,该序号和探测器的行计数对应可以得到每一帧图像的曝光时刻。时统子系统具有以下功能:

（1）接收 GPS 时间。接收相机发送的触发信号,记录触发信号上升沿时刻所对应的 GPS 时间信息,同时对脉冲信号进行计数,每个脉冲对应一组时间信息。

（2）具有守时功能。对于三线阵航测相机,时统子系统要求时间精度优于 $1\mu s$;当有云层遮挡或其他情况 GPS 搜星不正常时,1h 内时间漂移小于 $300\mu s$;具有向主控子系统发送心跳信号功能,可以让相机操作人员随时知道时统子系统的工作状态。

6.7 高速图像输出子系统

高速图像输出子系统的作用是将 4 路探测器的图像信息和注释信息打包,

通过光纤传送至机上数据记录子系统。

高速图像输出子系统逻辑图如图6-7所示,主要的功能模块包括注释信息解析模块、缓冲管理模块、快视数据抽取模块、控制解析与状态反馈模块、Rapid IO 模块(包括逻辑层模块、传输层模块、物理层模块)以及相应的数据缓冲。

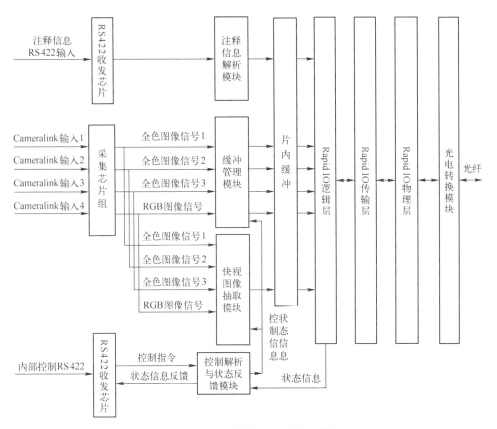

图6-7 高速图像输出子系统逻辑图

图像输出采用 x4 Rapid IO 协议对外进行数据传输,比特率为 3.125Gb/s,x4 的总带宽为 12.5Gb/s,除去 8B/10B 编码的带宽损耗,有效的带宽为 10Gb/s,即 1.25GB/s。

6.8 探测器子系统

探测器子系统的作用是在主控子系统的控制下进行曝光,获取图像并通过

Cameralink 输出,探测器子系统由 3 个全色探测器和 1 个彩色探测器组成。每个探测器包含芯片及信号处理板两部分。工作时,在相机准备时,主控子系统通过串口控制探测器子系统对行计数进行清零;拍照指令后,主控子系统产生曝光信号,4 个探测器按照曝光信号进行曝光并输出图像,每次曝光行计数加 1。同时,探测器子系统实时采集相机温度和芯片温度,通过主控传输至相机控制柜,使操作人员可以实时观测探测器状态,温度也将传输至热控子系统,热控子系统进行温度调节。探测器子系统实时输出平均灰度值,并实时传输至主控子系统,主控子系统根据探测器的平均灰度值进行调光控制,调整探测器的曝光时间和模拟增益确保探测器输入亮度均匀图像。

全色探测器像元分辨率为 32768×8,像元尺寸为 5μm,帧频为 7.5k,Cameralink 输出采用 Medium 模式,工作频率为 65MHz,传输位宽 48b(4×12b);彩色探测器像元分辨率为 16378×4,像元尺寸为 10μm,帧频为 3.5k 帧/s,Cameralink 输出采用 Medium 模式,工作频率为 65MHz,传输位宽 36b(3×12b)。

探测器工作模式包括内部触发和外部触发两种模式,为了更精准地控制曝光时刻和曝光时间,采用外部触发模式,触发信号设置为上升沿触发,若触发频率大于最大帧频则做丢弃处理。全色探测器曝光时序如图 6-8 所示,彩色探测器曝光时序如图 6-9 所示。

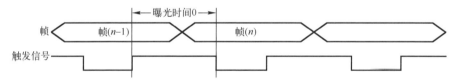

图 6-8 全色探测器曝光时序

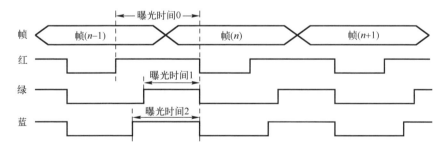

图 6-9 彩色探测器曝光时序

6.9 稳定平台子系统

稳定平台接收POS子系统提供的姿态信息,对飞机姿态变化进行补偿。选用莱卡公司的PAV80陀螺稳定平台时,其与POS子系统连接示意图如图6-10所示。

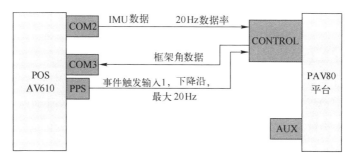

图6-10 PAV80与POS AV610连接示意图

在相机进行摄影工作时,由操作人员通过操作相机控制柜对稳定平台进行开关控制。

第 7 章
机载线阵测绘相机热控分系统

机载线阵测绘相机热控分系统的任务是控制光学相机内部及外部环境热交换过程,使相机各部分的温度处于系统所要求的范围,为相机正常工作提供良好的温度环境。

机载线阵测绘相机在外场待命时,若没有热控措施,遭遇极端天气时,光学相机整体处于极端温度水平。当光学相机整体温度水平发生变化时,光学玻璃的曲率半径和厚度、空气间隔、光学玻璃和周围空气的折射率以及结构尺寸都会发生相应变化,造成光学玻璃色散的变化和绝对折射率的变化,并产生热应力和热变形,可能导致光学遥感器镜头离焦,严重时会导致整个系统失准。另外,过低的温度会使探测器等电子设备无法启动,造成电子器件失效;过高的温度会使探测器的热噪声和暗电流增大,系统信噪比降低。

从地面到高空拍摄,机载线阵测绘相机会经历温度的快速变化,这种变化会引起传导、对流和辐射在内复杂的热交换,这种交换在光学玻璃中形成温度梯度,使光学元件受热不均,导致尺寸和光学性能的改变,而且会引起玻璃材料折射率的变化,最终产生附加像差,严重影响光学系统的成像质量。

因此,为保证机载线阵测绘相机在恶劣环境条件下正常工作并获取高质量图像,必须进行合理的热设计,以控制镜头的温度水平和温度梯度,确保所有电子元器件能够正常工作。

7.1 设计原则

机载线阵测绘相机热控技术是一门综合多学科的新技术,涉及传热学、材料学、光学、电子学、空气动力学、计算数学、化学以及试验测量等科学领域。进行热设计时,要统筹光、机、电、热之间的相互关系,合理选择光学材料、结构材料及热控材料,实现光、机、电、热一体化设计。

考虑热控成本、重量及可维护性等因素影响,通常机载线阵测绘相机热控方式遵循以被动热控与主动热控相结合的原则,尽量采用成熟的热控技术和实施工艺。

设计的热控分系统应具有较强的适应能力,避免外部热环境和热源状况发生一定程度偏离时所造成热控偏差较大,以确保在整个飞行过程中具备高可靠性和稳定性。

热控分系统应尽量采用便于维修和更换的常用热控构件,以提高效率、降低成本,并保证地面安装及试验中具有较好的操作性;采用恒定的内功率补偿方法来保障关键组件的温度稳定性,按照优化设计的原则和方法,实现加热功率的优化配置;避免热控措施遮挡光路或引起关键组件(如探测器组件)的振动,影响成像质量;在保证热控分系统满足热控指标的基础上,尽量减轻热控分系统的重量。

7.2 被动热控

被动热控利用合理的安装布局,选用不同物理性能的材料,有效组织相机体内、外的热交换过程来达到热控目的,属于开环、无源控制方式。根据相机结构特点及热控需求,所采用的被动热控方式主要有包覆隔热层、表面黑色阳极氧化处理、光机结构材料匹配以及相变热控等。

7.2.1 包覆隔热层

热控舱用于外界热环境与整个光机结构的隔离,其保温性能的好坏直接影响内部热控分系统设计的难易程度。因此,为减小内部光机结构与外界环境的热交换,同时为主动热控创造有利条件,整个热控舱内部(除光学窗口外)都要包覆隔热层,以增强保温能力。

一般来说,用于机载线阵航空测绘相机的隔热层材料应具有以下特性:

(1) 导热系数低。导热系数是衡量隔热层材料隔热效果的重要指标,导热系数越低,隔热性能就越好。

(2) 温度稳定性好。在一定温度范围内隔热材料的物性值变化不大。

(3) 耐低温,耐低压。低温低压环境下,隔热层材料不能变形或损坏。

(4) 密度小。受热控分系统重量的限制,所选用的隔热层材料密度越低越好。

(5) 表面整洁且无杂质产生,且要满足航空产品防湿热、霉菌和盐雾的标准要求。

(6) 材料颜色为黑色,避免对光学系统产生影响,同时提高发射率和吸收率,增强内部辐射换热能力。

(7) 阻燃性能好。

(8) 柔韧性好,易成形,以适合各种形状零件的包覆。

(9) 吸收冲击能力优异。

(10) 安全性好,不能危害人体健康,亦不能危及载机及其他部件安全。

(11) 操作性好,易安装。

7.2.2　表面黑色阳极氧化处理

为增大机载线阵测绘相机关键部件的发射率和吸收率,增强其辐射换热能力,使内部各部件温度均匀,应对各组件的相关部位进行表面黑色阳极氧化处理,同时满足零件防锈和光学系统消除杂光的要求。

表面发黑处理的主要部件包括热控舱、机身组件、镜头组件、电控箱、电源箱以及 CCD 组件等。热控舱内表面进行喷涂黑色无光漆处理,与隔热层形成一个整体,有利于光机结构的温度均匀;电控箱、电源箱内外表面均进行黑色阳极氧化处理,有利于吸收内部电子元件所散发的热量,使内部热量均匀;CCD 组件表面进行黑色阳极氧化处理,增强 CCD 组件的散热能力,避免形成局部高温区。另外,对加热装置以及对流换热装置的相关部位也要进行表面发黑处理。

7.2.3　光机结构材料匹配

为减小温度变化而引起的热应力,需对相机进行光机结构材料匹配设计,选取支撑光学元件结构件的线胀系数与光学元件的线胀系数尽量接近的材料。

7.2.4　相变热控

相变热控是利用相变材料在相变过程中吸收或释放大量的热量而温度基本维持不变的特性,实现对物体的温度控制。相变热控具有结构简单、性能可靠以及节能环保等优势,现已被广泛应用于航空航天的电子设备热控上。航空领域中,"直接式相变储热冷却技术"可以有效解决飞行器飞行过程中由气动加热所带来的热控问题,目前此项技术在高速导弹上得到广泛应用。

7.3 主动热控

主动热控通常采用闭环控制,闭环控制器利用被控系统的反馈进行调节。在热控管理中,主动热控方式对应温度传感信息的采集,并以一个固定的频率输出控制信号。闭环回路主要包括4个主要元件:系统控制器、温度传感器及测温电路、被控对象以及控制给定等。主动热控示意图如图7-1所示。

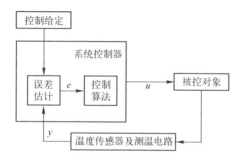

图7-1 机载航空测绘相机主动热控示意图

由图7-1可知,相机本体是相机温度的主要被控对象;温度传感器作为机载线阵测绘相机各区域温度感应元件,通过采集电路对提取到的温度数据进行预处理,采集电路主要包括运算放大电路、多路模拟开关、A/D转换器等;控制输出主要通过功率放大电路完成加热片的驱动工作。它们统一由电路板上的二次电源进行供电。控制器是热控分系统的核心部分,其中包括主处理芯片、存储器扩展以及一些主处理外围电路等,通过测温电路的反馈数据进行计算分析,应用合理的控制算法,并通过控温电路将相机温度控制在合理的水平。

为了达到良好的热控效果,实现机载航空测绘相机温度的均匀,必须选择一种行之有效的控制算法,保证相机整体温度的稳定和各区域间温度的一致,满足相机的热控指标要求。主要的控制算法有比例积分、微分控制,线性二次型调节等。

温度传感器是指能感受温度并转换成可用输出信号的传感器。主动热控的闭环控制中,通常以温度传感器的信息作为闭环。温度传感器可分为模拟型温度传感器(基于热二极管的传感器、电阻型传感器、热电偶传感器)和数字型温度传感器等。

7.3.1 模拟型温度传感器

模拟型温度传感器通过被测/输出信号的变化来表征温度,如电压、电流以及延迟等,这些输出信号最终通过模数转换的方式转化成一个绝对的数值,表示被测信号的温度。

7.3.2 基于热二极管的传感器

利用二极管电阻随温度变化特性,当用一个固定电流源来偏置二极管的引脚时,二极管引脚电压测量值和温度之间产生直接对应关系,通过测量电压可以推导出对应的温度数值。

其基本原理如下:首先在二极管强制通过一个固定的偏置电流 I_{B1},接着通过另一固定的偏置电流 I_{B2},导致二极管的前向偏置电压发生变化,变化值为 ΔV_F。二极管绝对结温与 I_{B1},I_{B2},ΔV_F 直接对应的函数关系可表示为

$$T_D = \frac{q\Delta V_F}{\eta K \ln(I_{B1}/I_{B2})} \qquad (7-1)$$

式中:η 为二极管的理想因子;K 为玻尔兹曼常数;q 为单个电子的电荷数。

7.3.3 电阻型传感器

利用导体阻抗随温度变化的特性设计出热敏电阻,在已知温度下测量热敏电阻的阻抗值,归纳总结电阻—温度方程,并利用电阻—温度对传感器的读数进行校正,传感器的电流输出值最终转化成数字读显值。

对于温度测量系统,不同的测量环境、不同的温度区间会造成电阻—温度方程参数的变化。为了提高测量精度,普遍采用多次测量取平均值的方法。同时,由于生产工艺和所用材料以及封装方式的不同,也会造成热敏电阻个体之间的差异,元件的互换性较差。为了保证测量误差在规定范围之内,热敏电阻在使用之前需进行逐只校准,以确定每只热敏电阻的阻温特性,找到能够准确描述其函数关系的特性方程。

7.3.4 热电偶传感器

热电偶由两根不同材质的金属线组成,在末端焊接在一起。只要测出不加

热部位的环境温度,就可以准确知道加热点的温度。不同材质的热电偶适用于不同的温度范围,其灵敏度也各不相同。热电偶的灵敏度是指加热点变化1℃时,输出电位差的变化量。对于大多数金属材料支撑的热电偶而言,这个数值在 $5\sim40\mu V/℃$ 之间。

由于热电偶温度传感器的灵敏度与材料的粗细无关,用非常细的材料也能够做成温度传感器。由于制作热电偶的金属材料具有很好的延展性,这种细微的测温元件有极高的响应速度,可以测量快速变化的过程。

7.3.5 数字型温度传感器

同基于双极型晶体管的传感器一样,数字传感器中两个 MOSFET 之间的栅—源电压 V_{GS} 对温度也有一定的依赖性。各种利用 MOSFET 输出电压或者电流与温度的关系来构建温度传感器的方案被提出。目前数字传感器的最新研究方向主要集中在如何加强传感器对工艺变化的自我补偿。

另一种较流行的数字温度传感器设计方案,是利用依赖于温度的延迟线。基于延迟线的方式,有很多构建温度传感器的方法。

基于漏电流的温度传感器,是利用各种类型 CMOS 管漏电流同温度的对应关系来构建的。典型的基于漏电流温度传感器的模拟部分以及数字部分,都要求较小尺寸以及较少的能量消耗。目前,根据尺寸、功耗以及成本的考量,通常选用数字型温度传感器。

7.4 热控设计

AMS-3000 相机主动热控分系统包括镜筒热控区(镜筒热控组件)和焦平面帕尔贴热控区(机身热控组件),具体包括温度控制器电路板、若干温度传感器、加热膜、帕尔贴等。温度控制器是相机热控分系统的中枢,两个帕尔贴组件负责机身焦平面组件的温度控制,两个镜筒加热膜区负责镜筒光学镜头的温度控制。

帕尔贴热控区如图 7-2 所示,帕尔贴组件是具有加热和制冷功能的综合热交换组件,主要由帕尔贴、过渡板、散热器、电风扇隔热罩、屏蔽蜂窝通风板等组成。帕尔贴为帕尔贴组件的核心,通过改变电源的正负极,可以实现加热及制冷器件;过渡板可以实现帕尔贴和焦面之间的热传导功能,同时具有结构支撑和固定作用;散热器和电风扇负责散热功能;隔热罩有效隔离帕尔贴冷面和热面的热交换,提高制冷或加热效率;屏蔽蜂窝通风板起到通风和电磁屏蔽作用。

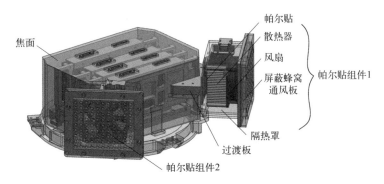

图 7-2 帕尔贴热控区组成示意图

机身内除帕尔贴组件、焦面中安装温度传感器外,在温度控制板、机身内腔等部位中也集成了温度传感器,用以对机身内温度进行测定。

镜筒内的光学镜头属于相机的关键组件,温度控制要求较高,镜筒热控组件硬件主要包括隔热层、加热膜和温度传感器,采用隔热层包裹和加热膜加热的主被动相结合的温度控制措施。镜筒外壁表面贴附聚氨酯绝热材料,阻断镜筒与外界环境的热交换,尽量减少镜筒外部环境对镜筒内镜头透镜组温度的影响,为镜筒主动热控创造有利条件。在镜头密封保温筒的外层,设置两个加热区,密封保温筒均匀受热后对透镜组支撑结构外表面形成热辐射,保证良好的热均匀性,在透镜组支撑结构外壁和密封保温筒处分别设置温度传感器,实现良好的温度控制。

温度控制器为相机温度控制的中枢,负责接收相机控制器的工作指令,根据各个组件温度传感器的温度反馈值,按照既定热控策略控制机身热控组件和镜头热控组件的工作模式,实现对相机的温度控制。温度控制器的具体任务为:

(1) 实现与相机控制器的 RS422 通信,接收相机控制器发送的工作指令和参数,向相机控制器反馈工作状态和自检结果。

(2) 采集各个组件的温度传感器数据,判断温度数据的有效性,根据温度反馈数据,实现对帕尔贴组件和镜筒热控组件的温度控制。

(3) 集成帕尔贴组件和镜筒热控组件的功率元件。

(4) 采集镜筒内部压力传感器数据。

温度控制器的原理框图如图 7-3 所示。热控分系统通过 RS422 接口与相机控制器进行通信。热控分系统接收相机控制器的下发命令,向相机控制器反馈工作状态、故障信息等;通过温度采集接口采集相机各个温度传感器的温度数据,通过压力采集接口采集镜筒内部压力传感器的压力数据;通过电源转换电路将 5V 数字电源转换为 3.3V 和 1.8V,并向温度传感器提供 5V 数字电和向压力传感器提供 3.3V 数字电;电源监控及复位电路负责监控 3.3V 和 1.8V 并提供 DSP 复位信号;通过电平转换电路主要完成加热控制信号、帕尔贴控制信号和电风扇控制信号的 3.3V 到 5V 之间的电平转换;通过帕尔贴组件的逻辑单元实现帕尔贴防双通保护以及电风扇信号和帕尔贴信号的时序控制逻辑。

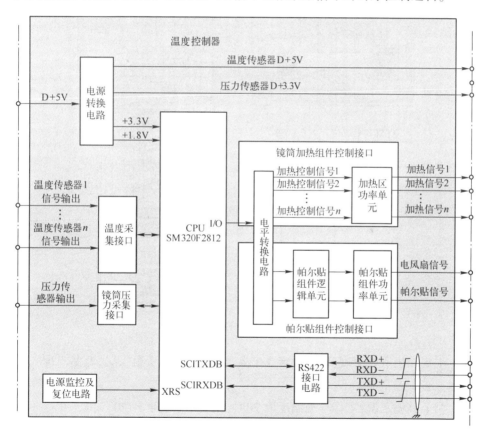

图 7-3　温度控制器的原理框图

DSP 处理器采用 SM320F2812PGFMEP 作为温度控制器的核心器件,它既具有数字信号处理能力,又具有强大的事件管理能力和嵌入式控制功能,特别适用于有大批量数据处理的测控场合,满足热控分系统数据采集和采集的需求。

7.5 热仿真分析

为了验证热设计是否合理,对 AMS-3000 机载线阵测绘相机实施热分析,利用 IDEAS 热分析软件建立 AMS-3000 机载线阵测绘相机的仿真分析模型。相机部件全部用二维壳单元划分,共计 10130 个单元和 61 个热耦合,热分析模型如图 7-4 所示。

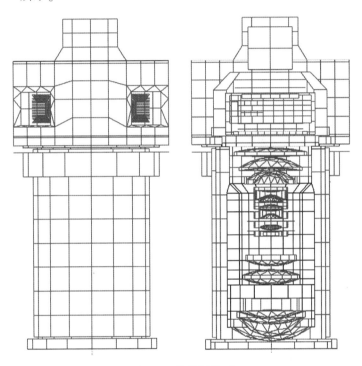

图 7-4 热分析模型

根据相机所处温度环境,设定 3 个典型稳态工况:高温工况、低温工况、0℃工况。各工况定义如下:

(1) 高温工况:工作环境温度取 20℃,相机初始温度控 20℃。

(2) 0℃工况:工作环境温度取 0℃,相机初始温度控 10℃。

(3) 低温工况:工作环境温度取 -20℃,相机初始温度控 10℃。

7.5.1 高温工况分析结果

高温工况分析结果统计如表 7-1 所列,典型部件温度云图和温度变化曲线如图 7-5~图 7-8 所示,各部件均满足温度指标要求。

表 7-1 高温工况 5h 航程结束时分析结果统计表

序号	部件	温度/℃	指标/℃	是否满足指标
1	焦平面	27~28.3	20±10	是
2	陀螺组件	22.0~23.0	−20~40	是
3	镜筒	23.8~27.0	20±20	是
4	透镜组	22.5~26.3	20±20	是
5	光学系统轴向温差	≤3.2	≤5	是
6	光学系统径向温差	≤2	≤5	是
7	电源板	≤73	≤70	是

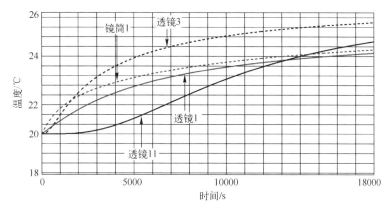

图 7-5 高温工况光学系统温度变化曲线

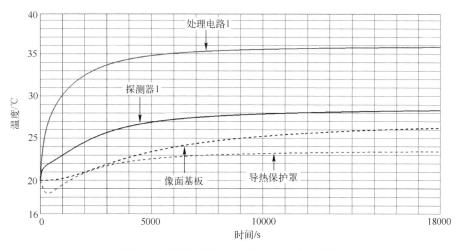

图 7-6 高温工况焦平面组件温度变化曲线

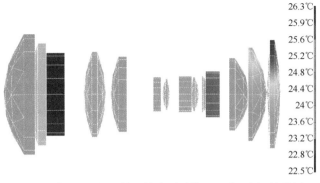

图 7-7 高温工况 5h 航程结束时透镜组温度云图(见彩图)

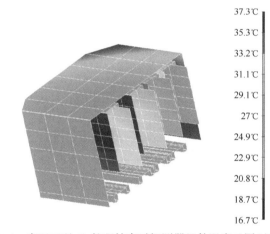

图 7-8 高温工况 5h 航程结束时探测器组件温度云图(见彩图)

7.5.2 0℃工况分析结果

0℃工况分析时,镜筒各部件温度控温目标 13±1℃,分析结果统计如表 7-2 所列,典型部件温度云图和温度变化曲线如图 7-9~图 7-11 所示,均满足指标要求。

表 7-2 0℃工况 5h 航程结束时结果统计表

序号	部件	温度/℃	指标/℃	是否满足指标
1	焦平面	19.6~20.6	20±10	是
2	陀螺组件(含支架)	6.0~6.6	−20~40	是
3	镜筒	13.4~15.9	20±20	是
4	透镜组	12.4~15.5	20±20	是
5	光学系统轴向温差	≤3.1	≤5	是
6	光学系统径向温差	≤2.0	≤5	是
7	电源板	≤60.5	≤70	是

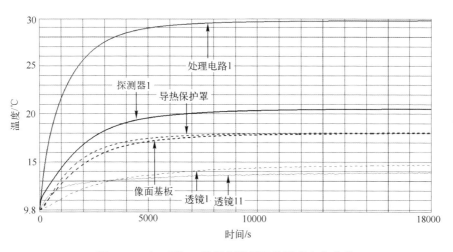

图 7-9　0℃工况 5h 航程探测器组件温度变化曲线

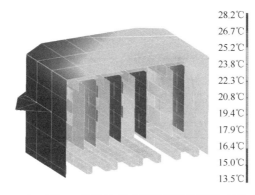

图 7-10　0℃工况 5h 航程结束时探测器组件温度云图(见彩图)

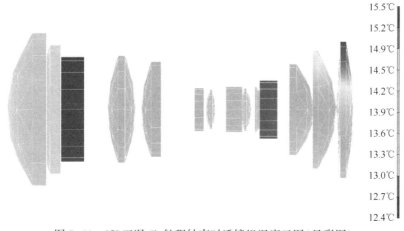

图 7-11　0℃工况 5h 航程结束时透镜组温度云图(见彩图)

7.5.3 低温工况分析结果

低温工况分析时,密封筒加热区控温目标 13±1℃,分析结果统计如表 7-3 所列,典型部件温度云图和温度变化曲线如图 7-12~图 7-18 所示,各部件均满足指标要求。

表 7-3 低温工况分析结果统计表

序号	部件	温度/℃	指标/℃	是否满足指标
1	焦平面	15.6~16.4	20±10	是
2	陀螺组件	-8.0~-6.7	-20~40	是
3	镜筒	8.5~12.8	20±20	是
4	透镜组	8.8~12.6	20±20	是
5	光学系统轴向温差	≤4.3	≤5	是
6	光学系统径向温差	≤1.5	≤5	是
7	电源板	≤55	≤70	是

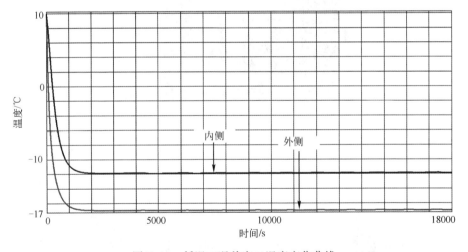

图 7-12 低温工况前窗口温度变化曲线

7.5.4 分析结论

对高温工况、低温工况及 0℃ 工况进行仿真分析。分析结果表明,环境温度 -20~20℃ 之间,相机温度能够满足指标要求,采取的热控措施成熟、有效。

第 7 章 机载线阵测绘相机热控分系统

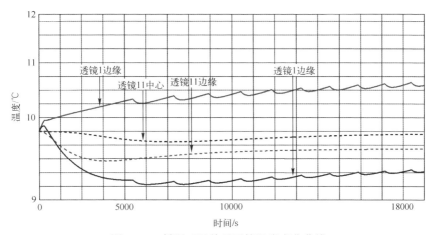

图 7-13 低温工况前后透镜温度变化曲线

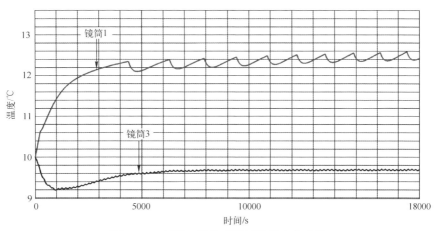

图 7-14 低温工况前后镜筒温度变化曲线

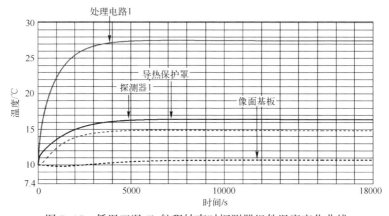

图 7-15 低温工况 5h 航程结束时探测器组件温度变化曲线

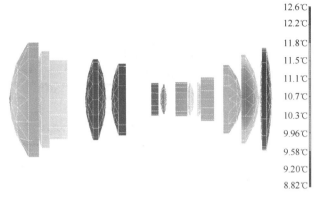

图 7-16　低温工况 5h 航程结束时透镜组温度云图(见彩图)

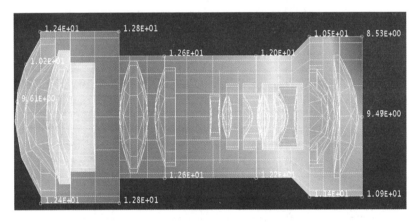

图 7-17　低温工况 5h 航程结束时镜筒温度云图(见彩图)

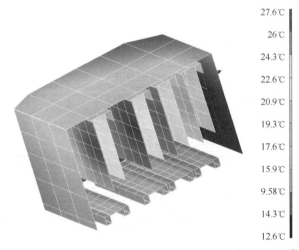

图 7-18　低温工况 5h 航程结束时探测器组件温度云图(见彩图)

第 8 章
机载线阵测绘相机几何及辐射标定

8.1 机载线阵测绘相机几何标定

测绘相机在使用前必须标定。航空测绘相机所获取像片是地面景物的中心投影,航空测绘相机的几何标定就是确定投影中心、像片、地面景物之间相对位置关系,即测绘相机的内方位元素和外方位元素,包括主距 f、主点坐标(x_0, y_0)、畸变及 IMU 坐标轴与相机光轴之间的偏心角等。几何标定的目的是给出将物方三维坐标转换为图像二维平面坐标时所需的元素参数,标定原理是测绘相机对经过精确测量的标定物拍摄一张或多张图像,设定一定的约束条件,由物像位置关系得到一个超定、非线性方程矩阵,通过设置合适的初值对方程矩阵进行迭代优化求解,从而计算得出测绘相机的待标定元素参数。几何标定可以分为内方位元素标定及外方位元素标定两个方面。

8.1.1 测绘相机内方位元素标定技术

内方位元素标定是将测绘相机放在不同的方位对经过精确测量的已知标定物成像,然后通过设定合适的成像模型,通过求解非线性方程组得到测绘相机的几何标定参数。精确标定测绘相机主点、主距等内方位元素,从而校正像点至正确成像位置,是实现高精度测绘的一个必要条件。国内外有多种对测绘相机进行几何标定的文献和方法。根据成像模型及非线性方程组的迭代解法,可将测绘相机的几何标定方法分为实验室内精密测角法、三维试验场标定法、径向排列约束(RAC)标定法、张正友标定法、直接线性算法、自标定算法等。

理想的光学成像模型(Pin-Hole)应遵循光线的直线传播原理。测绘相机内方位元素标定原理如图 8-1 所示,位于物方视场角 α_i 的物点 P_i 应成像在像面的 P_{ii} 处,但是由于光学元件制造误差、机械装调误差、光学像差的存在,导致光学畸变的产生,物点 P_i 的像点实际成像在 P_i' 处,因此需要对相机进行几何标定,以纠正像平面坐标,提高三维重建的精度。

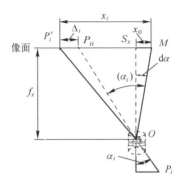

图 8-1　测绘相机内方位元素标定原理

在所有的标定方法中,精密测角算法是比较经典的一种,也是实验室内对测绘相机内方位元素进行几何标定中经常采用的方法。该算法直观简洁,精度较高,但工作量和数据量较大,有时需要拍摄数十张照片,同时对实验环境要求苛刻,需要高精度的精密转台。

精密测角算法标定原理为:将相机置于精密转台上,对经过平行光管的星点成像,如图 8-2 所示。

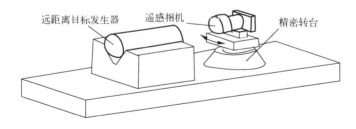

图 8-2　测绘相机内方位元素标定示意图

光学系统具有畸变时,如图 8-1 所示,α_i 处 P_i 光线的光学畸变 Δ_i 可表示为

$$\Delta_i = x_i - x_0 - f_x \times \tan(\alpha_i - \mathrm{d}\alpha) \tag{8-1}$$

用精密转台改变角度,获取多个角度时的星点及像点位置。通过记录成像时转台角度及像点位置,根据全视场畸变平方和最小,可得主点、主距的计算公式为

$$\begin{cases} x_0 = \dfrac{-\sum x_i \tan^2\alpha_i \times \sum \tan^2\alpha_i + \sum x_i \tan\alpha_i \times \sum \tan^3\alpha_i}{\sum \tan^2\alpha_i \times \sum \tan^4\alpha_i - (\sum \tan^3\alpha_i)^2} \\ f_x = \dfrac{\sum x_i \tan\alpha_i \times \sum \tan^4\alpha_i - \sum x_i \tan^2\alpha_i \times \sum \tan^3\alpha_i}{\sum \tan^2\alpha_i \times \sum \tan^4\alpha_i - (\sum \tan^3\alpha_i)^2} \end{cases} \quad (8-2)$$

采用单轴转台时，可以采用相机翻转 90°的方法，获取正交方向主点 y_0 和主距 f_y，以 $f=(f_y+f_y)/2$ 求得的 f 作为相机的主距。

8.1.2　测绘相机外方位元素标定技术

外方位元素标定方法主要有实验室内标定及外场校飞检定两种。实验室内标定是利用全站仪、立方镜等光学设备对 IMU 的测量基准进行标定。外场校飞检定是利用地面控制点，依据空三检校原理对 IMU 测量基准与相机光轴之间的偏心角进行检校。

测绘相机一般采用 GPS/IMU 进行辅助测量，GPS 可记录摄站的三维坐标；IMU 可记录相机拍照时的姿态数据，POS 综合了 GPS 长时间高精度及 IMU 高频高精度的优点，可为相机提供高精度的位置和姿态数据。但是，POS 直接获取的位置和姿态数据并不是测绘相机真正的外方位元素，这是因为测绘相机与 GPS 相位中心有线元素偏移，测绘载荷坐标系与 IMU 坐标轴之间也存在角度误差，这些误差必须在实验室内或者外场校飞时利用地面控制点进行平差处理，这就涉及外方位元素标定技术。

中国科学院长春光学精密机械与物理研究所在研制 AMS-3000 三线阵测绘相机过程中，首次在国内实现了实验室内 POS AV610 与测绘相机光轴间偏心角的标定，标定原理如下：首先将一个基准立方镜与 POSAV610 系统固连，然后通过陀螺全站仪寻北，接着通过全站仪与经纬仪互瞄的方式将全站仪的北方位及坐标位置传递至经纬仪，再通过经纬仪测量立方镜的位置姿态，该位置姿态与惯导输出的位置姿态联合计算，即可得到立方镜坐标系与 POSAV610 惯导本体坐标系之间的转换关系。AMS-3000 光学镜头装调过程中，可标定出光轴与立方镜的坐标关系，最终通过联合解算，可得到测绘载荷与 POS 之间的外方位标定，如图 8-3 所示。

具体标定过程为：①将基准镜、惯性测量单元 IMU 与卫星导航 GPS 单元连接成 POS 系统设备；②架设 POS 系统设备的标定环境，将 POS 系统设备置于标定环境中，并记录 POS 系统设备在标定环境内静止时输出的位置姿态；③通过标定环境中的经纬仪及全站仪测量基准镜在惯性空间坐标系的位置姿态;④将基准镜在惯性空间坐标系的姿态与 POS 系统设备在标定环境内静止时输出的位置姿态做联合计算,得到基准镜在惯性空间坐标系与 POS 系统设备测量基准坐标系之间的转换关系。这就标定出了基准镜与 POS 测量基准之间的角度关系,在后续的使用过程中,可以将基准镜认为是 POS 的测量基准,然后再经过经纬仪的方法,测量基准镜与相机坐标系之间的姿态转化关系,综合运算后,可得到 POS 与相机坐标系之间的测量关系。

光学方法进行测量时,具体的坐标系转换关系如图 8-3 所示。

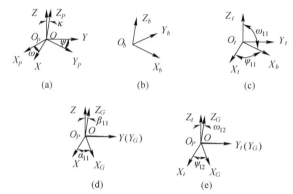

图 8-3 光学方法进行外方位元素标定时坐标系转换关系

图 8-3 中,$O\text{-}XYZ$ 为惯性空间坐标系,$O_P\text{-}X_PY_PZ_P$ 为 POS 测量基准坐标系,$O_b\text{-}X_bY_bZ_b$ 为基准镜坐标系,$O_t\text{-}X_tY_tZ_t$ 为经纬仪坐标系,$O_G\text{-}X_GY_GZ_G$ 为陀螺全站仪坐标系。通过图 8-3(b)、(c)、(d)、(e)的转化关系,可得到基准镜与惯性空间坐标系之间的夹角,与图 8-3(a)中 POS 系统设备与惯性空间坐标系间的角度进行联合解算,即可得到基准镜与 POS 系统设备测量基准坐标系之间的转换关系,进而实现利用基准镜标定出 POS 系统设备的 POS 测量基准坐标系。

标定步骤具体如下:

(1)将基准镜 1、惯性测量单元 IMU2 与卫星导航 GPS 单元 3 连接成 POS 系统设备。

(2)在标定环境中架设陀螺全站仪,调平并进行寻北;在实验室内架设陀螺全站仪,对其调平、开机并进行寻北。

(3)在标定环境中架设经纬仪,并进行调平。

(4)将 POS 系统设备置于标定环境中,记录此时惯性测量单元 IMU2 的姿态角度 ψ、ω、κ;将安装支架 4 推至架设好陀螺全站仪、经纬仪的实验室内,并在合适位置静止,记录此时的惯性测量单元 IMU2 的姿态角度 ψ、ω、κ。

(5) 使用经纬仪准直基准镜 1 的 X 轴,记录经纬仪此时俯仰角 ψ_{11} 及方位角 ω_{11} 读数;其中方位角 ω_{11} 可以清零,即 $\omega_{11}=0$。

(6) 转动经纬仪和陀螺全站仪,使经纬仪和陀螺全站仪互瞄,记录经纬仪的俯仰角 ψ_{12} 及方位角 ω_{12},同时记录陀螺全站仪的航向角 α_{11} 和俯仰角 β_{11}。

(7) 移动经纬仪,重复步骤(6),将与基准镜 1 的 X 轴垂直面的法线记为 Y 轴,并分别记录数据 ψ_{21}、ψ_{22}、ω_{22}、α_{22}、β_{22}。

根据记录数据 ψ_{21}、ψ_{22}、ω_{22}、α_{22}、β_{22} 得到基准镜 1 两个正交面与惯性空间坐标系之间的夹角,并与惯性测量单元 IMU2 的姿态角度 ψ、ω、κ 进行联合计算,得出基准镜 1 与 POS 系统设备测量基准间的偏心角。

通过光学传递方法,实现了 POS 系统设备可视化测量基准的精密标定,为 POS 系统设备的使用提供了极大的方便。

外场校飞标定通过布设检校场的方式进行。对检校场进行空中三角测量,得到检校场每张像片的外方位元素值,与利用 POS 技术直接获取的对应像片外方位元素值进行比较,从而得到偏心角的值和三维坐标系差改正数。利用偏心角的值和三维坐标系差改正数,对整个样区的 POS 数据处理解算出的每一张像片的三维坐标和角元素进行改正,即可得到每张像片的外方位元素。

8.2 机载线阵测绘相机辐射标定

机载线阵测绘相机属于典型的辐亮度观测系统,因此整机产品的辐射定标采用大口径积分球定标光源同时充满相机的孔径和视场的方式进行端对端的相对和绝对辐射定标,主要基于近距离扩展源(NES)定标方案,如图 8-4 所示。

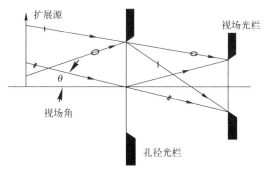

图 8-4 近距离扩展源定标方案原理示意图

8.2.1 辐射定标工作内容和流程

完整的实验室辐射定标流程如图 8-5 所示及表 8-1 所列。

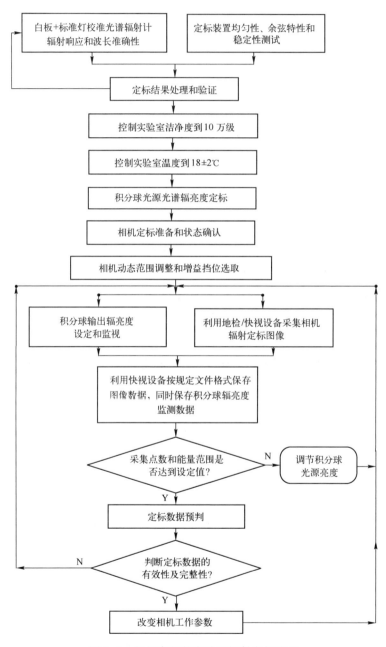

图 8-5 相机完整的实验室辐射定标流程

表 8-1　整机辐射定标工作内容及流程

序号	工作内容和流程	备注
1	标准灯辐射量值传递(中国计量科学研究院或美国国家标准与技术研究院)(NIST)	相机辐射定标前的准备工作(预定标过程)
2	光谱辐射计校准	
3	积分球定标光源辐射量值传递	
4	分析估算,最小和最大照明条件下典型地物目标在相机入瞳处产生的辐射亮度	
5	相机进入辐射定标实验室与光谱定标设备对接进行光谱定标	光谱定标
6	相机与积分球光源对准和调试,确认相机状态、确认定标光源的状态	调试、对准、确认
7	前视、下视、后视探测器片间及通道间输出一致性测试和确认	相对辐射定标
8	前视、下视、后视探测器暗电流测试	暗电流测试
9	最大、最小信噪比测试,计算并分析数据有效性	信噪比测试
10	测试各探测器的响应线性曲线	响应线性测试
11	进行其他定标或测试	动态范围等测试
12	处理定标数据,提供试验报告和定标系数文件	定标数据

根据上述过程,可以完成线阵测绘相机多条探测器的光谱定标、相对辐射定标、绝对辐射定标,同时可以完成动态范围、信噪比、暗电流、响应线性度等参数的测试。

8.2.2　相对辐射定标系数

机载线阵测绘相机一般具有为前视、下视、后视三个成像通道,为保证它们彼此之间辐射响应的一致性,在进行其他测试之前应首先对其进行一致性调整,这样才能确保其在观测不同地物目标时具有可比性。具体调整方法是:在积分球输出辐亮度相同(饱和输出的 50%~60%)的情况下采集并查看前视、下视、后视的输出图像灰度差异,通过改变模拟或数字增益匹配关系使得三个通道输出尽量一致。

对于前视、下视、后视的每一个光谱通道,分别调整积分球光源的辐亮度输出,使得该谱段图像灰度输出达到饱和值的一半左右,此时采集并记录定标图像作为事后计算 PRNU 的依据,经过数学处理获得响应非均匀性指标。

8.2.3 重复性及稳定性测试

除时域噪声会影响机载线阵测绘相机图像灰度输出重复性之外,探测器处理电路中相关双采样的位置以及脉冲时钟同步误差等也会造成像元间响应输出关系发生变化,导致对固定亮度景物成像时图像灰度输出不重复、不稳定,此时应用相对定标系数对图像进行辐射校正不能完全去除条带现象,因此需要进行重复性和稳定性测试。

具体测试方法是在保持辐亮度输入不变的前提下,使相机反复上下电,每次上电后采集图像灰度,事后比较整体图像灰度以及像元间辐射响应关系的变化,以验证相机成像电子学系统是否具有稳定的工作状态。

8.2.4 动态范围和信噪比测试

信噪比测试和动态范围调整需要给出指定太阳高度角和地面反照率下,相机垂直对地观测时相机入瞳处的辐射亮度值,作为实验室辐射定标积分球光源输出辐射亮度值设定的依据。根据辐射传输模型可以估算相机各工作谱段内入瞳辐亮度,在该亮度下采集各谱段图像不少于 101 行,根据图像的亮度信息及噪声,计算动态范围及信噪比。

8.2.5 响应线性测试

动态范围一经确定,就可以进行信噪比测试。在整个动态范围内,对于每个光谱和成像通道,分别利用积分球光源提供一系列辐亮度等级(至少不少于 8 个),记录相应图像灰度输出,事后利用最小二乘拟合来获得视频响应曲线,据此计算响应线性度指标以及像元级的相对/绝对定标系数。

第 9 章 相机数据记录设备

9.1 系统组成

相机数据记录设备内部硬件构成框图如图 9-1 所示,主要包括接口适配模块(包括 Cameralink 接口适配模块或 Rapid IO 接口适配模块)、存储模块、存储控制模块、数据访问控制模块、无源底板模块以及电源模块。

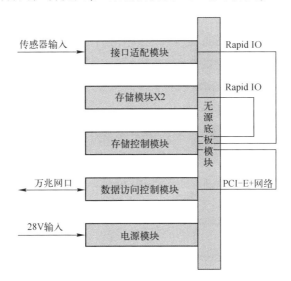

图 9-1 数据记录设备内部硬件构成框图

如图 9-1 所示,各模块均采用 6U 标准 CPCI 前插板的形式通过公共无源底板进行通信。其中,Cameralink 接口适配模块、Rapid IO 接口适配模块、存储模块与存储控制模块之间均采用 Rapid IO 总线进行通信,存储控制模块、万兆网口模块与数据访问控制模块之间主要通过 PCI-E 进行通信。

存储控制模块为本系统的存储控制中心,所有底层的数据存储、读取操作均由该模块调度、管理,包括数据传输通道配置、存储回放控制、数据缓存管理、目录管理、存储空间管理、存储介质模块控制等。

数据访问控制模块采用 PowerPC 架构,通过 PCI-E X8 接口实现存储系统内部数据接口到万兆网口的转换。在该模块上外接人机操作设备,还能实现本机操控功能。

存储模块主要实现对 FLASH 存储芯片阵列的控制,包括数据缓存控制、擦除、写入、读取、纠错等。

Cameralink 接口适配模块、Rapid IO 接口适配模块、万兆网接口模块均为用户接口模块,主要实现 Cameralink、Rapid IO 数据接收,网络命令接收,以及网络数据回放。

机上数据记录设备的主要服务对象为机上实时处理机、本控席位和应急处理系统中的各种数据处理软件,需提供操作简便的系统控制接口,以及统一高效的信息访问接口。

为了提高系统的可扩展性和可适应性(包括安装使用环境的适应性和载荷的适应性),机上数据记录设备在设计上采用各个载荷分布存储的架构设计,系统由分布在各载荷分系统中的数据记录设备和配套软件构成。其机上应用示意如图 9-2 所示,地面应用示意如图 9-3 所示。

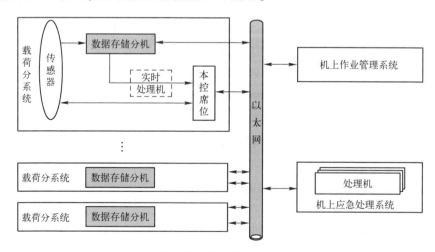

图 9-2 机上数据记录设备机上应用示意

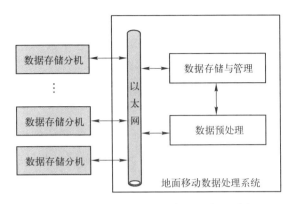

图 9-3　机上数据记录设备地面应用示意

数据记录设备和配套软件可直接接入地面移动数据处理系统中的万兆以太网,提供海量数据并行快速下载要求,为数据存储与管理以及数据预处理提供所需服务。

如图 9-4 所示,机上数据记录设备由一个到多个数据记录设备,以及配套的数据访问引擎和存储系统监控软件组成,满足数据采集、数据存储和数据分析处理 3 个层次的需求。

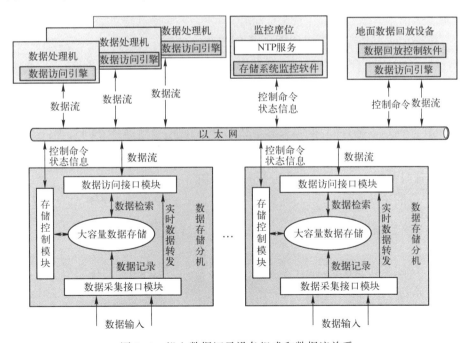

图 9-4　机上数据记录设备组成和数据流关系

机上数据记录设备的说明如下：

（1）存储系统监控软件负责监视存储系统中各个数据记录设备的状态信息，控制其工作状态，并为其提供对时服务等功能。

（2）数据回放控制软件负责发起数据回放请求，获取数据并将数据写入地面存储阵列。

（3）数据访问引擎是部署在机上和地面不同数据处理机或数据回放设备的数据访问接口软件，屏蔽了不同载荷的数据输入接口差异和位置信息，使不同的数据处理软件可以通过统一的软件接口获取指定载荷的数据。

（4）NTP 服务作为机上各个分系统的授时服务，使各载荷数据在采集、记录、存储各级打包处理时的时间戳保持同步。可采用机上统一的 NTP 服务软件。

（5）数据记录设备为单个载荷提供高速数据采集记录、实时转发、大容量数据存储管理和存储控制等功能，同时为机上和地面不同数据处理机提供统一的数据访问接口。数据记录设备均接入以太网交换网络，但分机独立工作，不进行命令和数据的交互，也不做存储空间共享。数据记录设备主要包括数据采集接口、大容量数据存储、数据访问接口和存储系统监控 4 个功能模块，协同实现高速数据采集记录、实时转发、大容量数据存储和管理、数据访问和数据回放等系统功能。

数据记录设备主要模块功能分解说明如下：

① 数据采集接口：提供与传感器网络各种传感器数据通道的标准化接口；实现多路数据同步采集和数据打包功能；采集后的数据可进行数据存储，也可用于实时数据转发满足载荷数据快视的需求。

② 大容量数据存储：提供大容量数据存储介质；实现存储空间管理；在存储的过程中，可实时提取用户数据中的特征数据，通过统一的元数据库模型形成元数据库且易于检索，满足事后分析处理需求。

③ 数据访问接口：提供与数据处理机的高速接口；实现数据精细化检索；实现数据处理机读取数据时的带宽分配和策略管理；为用户提供数据访问二次开发库。

④ 存储系统监控：负责存储系统与应用环境的时间同步和存储系统内部各处理单元的时间同步；负责接收并解析来自网络的控制命令，并将系统状态信息通过网络上报给指定的控制席位；根据控制命令执行相应的命令操作，包括开始记录、停止记录、实时转发配置、系统复位、任务目录查询、删除任务数据、清空任务数据等；可根据需要在记录过程中接收用户注入的信息并将其融入元

数据进行统一管理。

9.2 主要功能

数据处理系统主要功能如下：

（1）设备存储容量：支持最高不小于12TB(1TB=1012GB)，采用固态存储介质。

（2）数据记录接口：支持2路Rapid IO接口或12路Cameralink接口。Rapid IO接口支持2路X4或8路X1工作模式，Rapid IO串行总线比特率为3.125Gb/s；Cameralink接口支持12路Cameralink Base图像接口模式，或6路Cameralink Medium图像接口模式，或4路Cameralink Full图像接口模式，Cameralink芯片时钟频率范围为20~66MHz。

（3）数据回放接口：2路万兆以太网接口和1路千兆网口。万兆网络接口可实现数据转发、访问功能，千兆网络接口可实现系统监控、数据转发和访问功能。

（4）记录速率：采用Rapid IO接口（X4）时，支持两路同时记录，单路速率不小于750MB/s，两路总速率不小于1200MB/s（串行总线比特率为3.125Gb/s）；采用Rapid IO接口（X1）时，支持8路同时记录，单路速率不小于200MB/s，8路总速率不小于1200MB/s（串行总线比特率为3.125Gb/s）；采用Cameralink接口时，支持12路同时记录，单路速率不小于150MB/s，12路总速率不小于1200MB/s（数据总线为24位，时钟频率为66MHz时）。

（5）突发记录速率与缓存：Rapid IO接口（X1）模式单路突发速率不小于260MB/s，单路X4 Rapid IO接口突发速率不小于1040MB/s，聚合突发速率不小于2080MB/s；数据接收缓存不小于2000MB。

（6）边记录边转发速率：记录聚合带宽不小于1200MB/s，万兆转发端口转发速率不小于200MB/s，千兆转发端口转发速率不小于60MB/s。

（7）边记录边访问速率：记录聚合带宽不小于1000MB/s，万兆端口访问速率不小于500MB/s；千兆端口访问速率不小于60MB/s。

（8）数据访问、回放速率：提供两路万兆以太网接口（采用多模光纤），一路工作，一路备用，速率不小于600MB/s。

（9）千兆和万兆以太网网络通信协议均采用TCP/IP协议。

9.3 工作方式及原理

9.3.1 多路数据同步采集记录

对于类似航测相机这样的传感器,数据记录设备需为载荷提供多个数据采集口,支持多路数据同步采集记录。该功能由数据采集接口、存储控制、大容量存储三个模块协同完成,工作原理如图 9-5 所示。

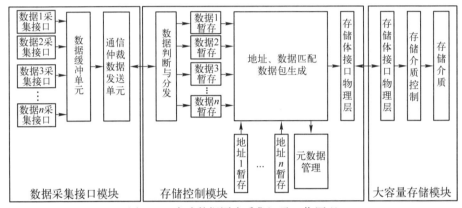

图 9-5 多路数据同步采集记录工作原理

数据采集模块负责对用户的各种数据进行采集和缓存。数据采集接口负责对用户数据的直接采集,并按照特定格式对采集到的数据打包后送入数据缓冲模块。各个通路的数据采集模块之间一般是相互独立、并发工作的,因此具有灵活性强、总带宽高等优点。

数据缓冲单元是针对数据带宽高的特点对采集到的数据进行缓冲,以降低后端记录系统突发数据带宽的要求。数据缓冲单元一般采用可编程逻辑外挂 DDR3 SDRAM 实现,具有实现灵活、效率高的优点。通信、仲裁、数据发送单元与存储控制模块对接,实现数据发送和指令接收的功能。

存储控制模块负责收集数据采集模块送来的各种数据,将数据和预分配的暂存地址按类型一一匹配,组成一定数据格式并发往存储模块。该模块主要由数据判断与分发单元、数据暂存单元和地址暂存单元、地址数据匹配与数据包生成单元、元数据管理以及存储体接口物理层构成。

存储模块实现数据的写入与读出,主要由存储体接口物理层、存储介质控制单元和存储介质构成。存储介质是由 FLASH 芯片构成的存储阵列。FLASH

芯片的特点是容量高、存储密度大，并且具有不可比拟的环境适应性。存储介质控制单元实现对芯片的控制和数据的保证，通过可编程逻辑实现存储介质控制，可以实现极高的数据吞吐量，并提高数据可靠性。

9.3.2 实时数据转发与快视

载荷在工作时基本上需要进行快视，数据记录设备在多路数据同步记录的同时应提供实时数据转发功能，为载荷所需快视功能提供数据支撑。实时数据转发与快视功能需数据记录设备内的数据采集接口模块、存储控制模块、数据访问接口模块和载荷本控席位协同完成，工作原理如图9-6所示。

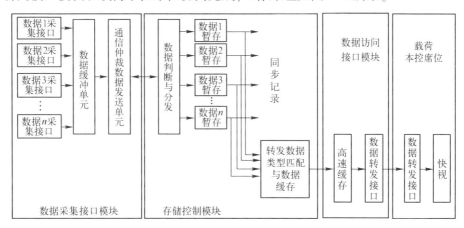

图 9-6　实时数据转发与快视工作原理

9.3.3 多源(多载荷)数据统一管理

多源(多载荷)数据统一管理包括记录数据同步性控制、数据存储格式规范和数据访问接口统一等多方面管理内容。

对于单个载荷来说，记录数据同步性控制主要是指多路数据同步采集记录控制，此功能在前面已经讲过。对于多个载荷来说，记录数据同步性控制主要是指各个分系统的时间同步性控制。本设备采用网络方式对时，各载荷传感器和机上数据记录设备中的各个数据记录设备通过部署在机上作业管理系统中的NTP服务授时，保持时间同步，从而确保数据在各级打包处理时时间戳精确可控。

机上数据记录设备是针对3种类型载荷(7个)的存储需求而设计的，这些载荷的原始数据特征、数据输入接口、数据检索需求各异。为了满足机上应急处理系统中处理机对不同载荷的数据访问，数据存储系统在数据记录时应采用规范的数据存储格式,并建立统一的元数据模型,为数据访问和数据回放提供高效检索方式。

机上数据记录设备通过数据访问引擎为数据处理机和数据回放设备提供统一的数据访问接口。接口统一不仅包括物理接口的标准化,还包括软件编程接口的标准化;不仅可以适应不同载荷的变化,还可以适应数据处理软件的升级变更,提高系统的适应性和扩展性。

9.3.4 多用户高速并发数据访问控制

机上应急处理通常是针对载荷全部通道的原始数据进行处理,数据访问速率应接近记录时的数据输入速率。地面数据回放时应尽可能提高数据回放速率,减少回放时间。同时,为了提高功率效率,在数据回放的同时,应能够响应数据处理访问请求。因此,机上数据记录设备应支持多用户高速并发数据访问,可依据优先级控制访问资源。此功能由存储控制模块、数据访问接口模块和数据访问引擎协同完成,工作原理如图9-7所示。

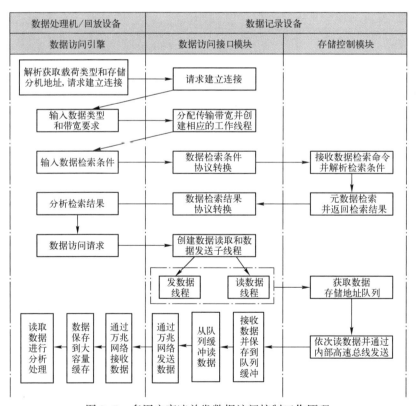

图9-7 多用户高速并发数据访问控制工作原理

9.3.5 数据回放工作原理

数据回放功能是由地面数据回放设备控制从数据存储系统读取数据,并保存到地面存储阵列。该功能由数据访问接口模块、存储控制模块和大容量存储模块协同完成。地面数据回放工作原理如图9-8所示。

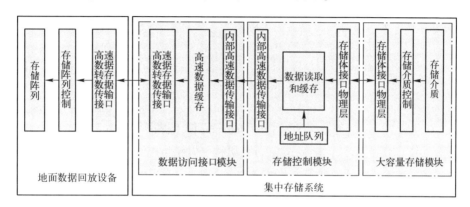

图9-8 地面数据回放工作原理框图

第 10 章
机载线阵测绘相机图像数据处理系统

20 世纪 70 年代,德国科学家 Otto Hofmann 博士提出了利用三线阵 CCD 传感器进行摄影测量的方法。随后多家研究机构、传感器生产厂商开展了对星载、机载三线阵 CCD 传感器的研究与开发工作,并建立了较为完整的三线阵传感器的处理理论和方法。国际上以莱卡的 ADS 系列表现最为突出,如图 10-1(a)所示;国内以中国科学院长春光学精密机械与物理研究所研制的 AMS-3000 相机为主要代表,如图 10-1(b)所示。

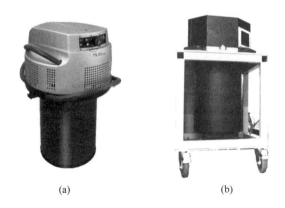

(a) (b)

图 10-1 ADS40 相机和 AMS-3000 相机
(a) ADS 40 相机;(b) AMS-3000 相机。

ADS(Airborne Digital Sensor)是由莱卡公司和德国航天中心共同开发的第一款真正投入使用的商业化数字航空摄影测量系统。ADS40 于 2000 年在阿姆斯特丹的第 24 届国际摄影测量大会上正式推出。ADS40 采用线阵列推扫式成像原理,利用集成的 POS 系统为每一个扫描列提供外方位元素的初值。除了能获得高分辨率的全色影像和多波段影像,ADS40 还能在没有地面控制点或者仅有少量控制点的情况下获得较高精度的地面三维定位。

ADS40 传感器的主要技术参数有:

(1) 3 个全色波段的 CCD 阵列(每个 CCD 阵列有 2×12000 像元,也就是两个 12000 像元的 CCD 并排放置),且两个 CCD 之间存在 0.5 像元(3.25μm)的错位,这种设计可以提高几何分辨率。

(2) 4 个多光谱 CCD(红、绿、蓝和近红外),每个都是 12000 像元。7 个 CCD(全色的前视、下视和后视,红、绿、蓝、红外)排列在一个相片平面上(对应着同样的焦距),CCD 上每个像素大小是 6.5μm×6.5μm。

(3) ADS40 的焦距设计值为 62.5mm。

(4) CCD 在旁向方向上的视场角为 64°。

(5) 各个 CCD 的感光范围分别是:全色波段 465~680nm;单色光谱中蓝色波段 430~490nm,绿色波段 535~585nm,红色波段 610~660nm,红外波段 835~885nm。

AMS-3000 线阵列宽度达到 32768 像元,是目前已知的机载线阵相机中线阵列宽度最大的相机。其输出影像存储分为两种模式:NoBinning 模式和 Binning 模式。其中,NoBinning 模式是默认输出方式,影像宽度为 32768 像元。Binning 模式是将相邻像元感应的电荷加在一起,以 1 像素的模式输出,影像宽度为 16384 像元。

航空测绘相机获取了影像后需在地面系统进行测绘生产处理,通常地面处理系统称为数字摄影测量系统(DPS)或数字摄影测量工作站(DPW)。数字摄影测量系统的研制由来已久,自 20 世纪 60 年代第一台解析测图仪 AP-1 问世到现在,数字摄影测量系统已经趋于成熟,当代的很多数字摄影测量系统不仅可进行传统框幅影像的处理,也可进行线阵影像的处理。

数字摄影测量系统包含专用硬件和软件系统。专用硬件主要包含计算机、立体观测及操作控制设备、输出设备绘图仪等,而软件系统主要由数字影像处理模块、模式识别模块、解析摄影测量模块及辅助功能模块组成。其中,解析摄影测量模块主要包括影像匹配、自动空中三角测量等核心功能。数字摄影测量系统生成的产品主要包括影像外方位参数、内业加密点、数字高程模型 DEM、数字正射影像 DOM、数字线划图 DLG、数字三维地形景观等。

数字摄影测量系统的工作流程主要包括建立测区、数据预处理、空中三角测量、测绘产品生产等,如图 10-2 所示。

建立测区主要是建立作业工程,记录原始数据路径、目标产品类型与相关参数等;数据预处理主要是针对航空摄影情况对输入数据进行必要的处理,形成比较规范的输入数据;空中三角测量主要是根据输入的数据进行不同影像上同名点提取,然后根据空间几何关系以及航飞参数(如 POS 等)进行区域网平差求解影像的内、外方位参数;测绘产品生产主要是根据影像以及外方位参数进行自动或手工的测绘产品生产,如 DEM 生产、DOM 生产、DLG 生产等。

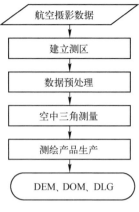

图 10-2　数字摄影测量系统工作流程

根据三线阵相机的具体情况,其工作流程如图 10-3 所示。与通用数字摄影

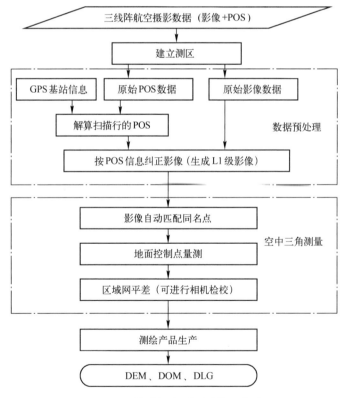

图 10-3　三线阵摄影测量系统工作流程

测量系统相比,主要差异在数据预处理部分。三线阵相机的预处理需要用航空摄影过程中的 POS 数据,计算影像扫描行的外方位参数,并且根据外方位参数将影像纠正为与实际位置一致的影像。

10.1 三线阵相机几何基础

线阵相机的成像是一种连续推扫式成像,其实质是平行投影(飞行方向,X方向)与中心投影(垂直于飞行方向,Y方向)两种投影方式相结合的成像方式。这种推扫式成像与中心投影成像之间存在差异——在影像上 X、Y 方向的比例尺是不一致的。线阵列推扫式影像的每一个推扫行为"中心投影",而在推扫行之间是独立成像的。

三线阵相机在焦平面上安置 3 条探测器。在飞行期间,3 条线阵同时成像,前视线阵(F)向前倾斜成像,下视线阵(N)垂直对地成像,后视线阵(B)向后倾斜成像,工作原理如图 10-4 所示。

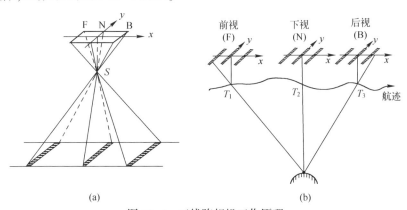

图 10-4 三线阵相机工作原理

(a) 在相同时刻对不同目标成像;(b) 在不同时刻对相同目标成像。

随着载荷平台向前推扫,相机以一定的频率连续对地面扫描成像,可在每个曝光时刻同时获得 3 条地面线状影像。因此,除了航摄作业开始和结束时的部分区域外,可获得航向重叠度接近 100% 三组立体像对。

从物方角度出发,三线阵相机成像原理可理解为 3 条 CCD 阵列不同时刻对同一地面成像,也可认为是同一时刻对不同地面成像。因此,三线阵影像可提供前视/下视、前视/后视和下视/后视 3 种立体组合方式,在没有遮盖的情况下所有地面点均为三线交会,从而可以提高影像匹配以及对地定位的可靠性和精度。若已知相机检校参数和曝光时的外方位元素$(Xs,Ys,Zs,\omega,\varphi,\kappa)$,由共线条件方程可确定任意地面点$P(X,Y,Z)$在前视、下视及后视影像上的像点坐标$(x_f,y_f)$、$(x_n,y_n)$、$(x_b,y_b)$。若已确定地面点$P$在前视、下视和后视影像上的至少两个像点坐标,则$P$点的地面坐标可通过前方交会求得,这是三线阵CCD相机进行立体测量的基本几何基础。

10.2 三线阵相机图像数据内容

采用三线阵相机进行航空摄影,获取的数据主要包括相机参数、影像数据和航飞POS数据及地面基站观察数据,其中地面基站观察数据为可选数据,若没有地面基站观察数据可以采用精密星历进行解算。

10.2.1 相机参数

三线阵相机参数与面阵相机参数有很大不同。面阵相机参数通常相对简单,主要为焦距、主点位置、框标位置和镜头畸变参数等。三线阵相机参数除焦距外,其他参数难以用简单参数进行描述,由于加工工艺、镜头畸变等因素影响,三线阵相机每条线阵探测器的像元位置需要精密标定。因此描述每条线阵探测器的相机文件内容包括相机焦距、像元数、辐射系数、每个像元在焦平面上的坐标值。典型的三线阵相机文件内容如图10-5所示。

```
ADS_CALIBRATION_FILE 1
CALIBRATION_SOURCE "ORIMA Calibration by Muzaffer "
CAMERA_NAME          "30027"
SENSOR_LINE          "PANF28A"
CALIBRATION_DATE     "Mon Sep 27 16:29:19 2004"
FOCAL_LENGTH_MM      130          注:相机焦距
NUM_PIXELS           32768        注:CCD 线阵长度
PIXEL_SIZE           0.005        注:CCD 像元大小
PAV_Z_OFFSET         0.171
RADIOMETRIC_GAIN     1.000000
IRRADIANCE_GAIN      1.000000
LEFTSIDE_GAIN        1
START_XY
34.565574 39.045796
34.565793 39.039609
34.566024 39.033421
34.566244 39.027232
34.566476 39.021036
34.566698 39.014836
34.566928 39.008648
34.567140 39.002439
```

图10-5 典型的三线阵相机文件内容

通过相机文件的信息就可以将影像的像素位置换算为焦平面坐标,如某一个像素在原始影像的影像行列号(x,y),则以y坐标为索引,就能够检索到这个像素在成像时刻的焦平面坐标;反之如果知道了这个像素的焦平面坐标,也能够内插出原始影像的像素坐标。

10.2.2 影像数据

三线阵相机的原始影像按线阵探测器进行记录,每个线阵探测器记录一个影像文件,如 ADS40 有 7 条线阵探测器记录 7 个文件,AMS-3000 有 6 条线阵探测器记录 6 个文件。按连续推扫式成像的原理,影像文件的每一行就是某一时刻线阵探测器以中心成像方式获取的地面上某一条线的数据。影像每一行以中心成像方式一次成像,因此像元间是连续成像的,在线阵探测器方向与地面实际位置是一致的,但是,影像行之间是独立成像,行与行之间在地面没有相邻关系。特别是飞行器受大气气流、飞机发动机震动等影响,飞机姿态并非稳定不变,获取的影像存在一定的变形,如图 10-6 所示。

图 10-6 三线阵相机记录的原始影像

三线阵相机的原始影像存在很大变形,无法进行直接观察和量测,因此必须纠正为与实际位置一致的影像。在 ADS 处理系统中,原始有变形的影像称为 L0 级影像,而纠正变形后的影像称为 L1 级影像。L1 级影像不是相机直接获的,而是由地面系统生产的成果数据。

10.2.3　POS 数据

POS 数据是由安装在相机系统上的 GNSS 和 IMU 装置记录的位置数据和姿态数据。三线阵相机影像的采样频率远高于 POS 系统的采用频率，需要通过内插模型使二者同步，通常采用拉格朗日多项式模型进行插值，例如要获取 t 时刻的位置和姿态，可选取 t 之前的 4 个时刻 t_1、t_2、t_3、t_4 及 t 之后的 4 个时刻 t_5、t_6、t_7、t_8 的飞行姿态进行位置和姿态参数的插值，如图 10-7 所示。

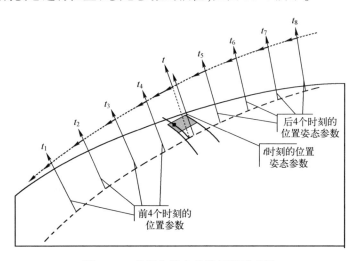

图 10-7　位置和姿态参数插值示意图

除插值外，POS 数据还需要进行坐标系统转换。通常 POS 数据采用惯性导航坐标系进行记录，而摄影测量处理采用空间直角坐标系进行处理，这两个坐标系对转角的定义不一致，需要按各自的定义进行相互转换。

10.3　三线阵相机图像数据处理原理

三线阵相机数据处理基础主要包括 POS 解算外方位参数、三线阵相机检校、三线阵影像纠正、三线阵三维点投影、三线阵前方交会和三线阵区域网平差等。

10.3.1　坐标系统

三线阵相机数据处理需要用到多个重要的坐标系，下面分别进行介绍。

1. 地心坐标系

POS 系统提供的位置数据采用地心坐标系统。地心坐标系统是以地球质心为原点建立的空间直角坐标系统,或以球心与地球质心重合的地球椭球面为基准建立的大地坐标系统。地心坐标系统的坐标表达方式包括地心大地坐标和地心直角坐标两种形式,如图 10-8 所示。

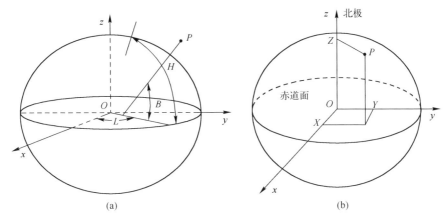

图 10-8 地心大地坐标系和地心直角坐标系
(a) 地心大地坐标系;(b) 地心直角坐标系。

地心大地坐标系采用大地经纬度和大地高来描述目标的空间位置,如图 10-8(a)所示,点 P 的大地纬度为过该点的椭球法线与椭球赤道面之间的夹角 B,从赤道面起算,向北为正。大地经度为该点所在的椭球子午面与大地首子午面之间的夹角 L,以大地首子午面起算,向东为正。大地高为沿 P 点的法线到椭球面的距离 H,向上为正,向下为负。地心直角坐标系的原点是地球质心,x 轴指向地球赤道面与大地首子午面的交点,z 轴指向地球北极,y 轴在赤道平面内与 xoz 构成右手坐标系,如图 10-8(b)所示。根据上述两个坐标系统的定义,P 点的坐标可表示为 (B,L,H) 和 (X,Y,Z),它们是等价的,可以互相换算。

2. 惯性导航坐标系

惯性导航坐标系(又称 IMU 坐标系)中,惯性测量单元 IMU 与相机保持刚性连接,具有固定的相对关系。为了便于转换,通常将 IMU 载体坐标系(b-xyz)的原点定义在 IMU 的几何中心,x 轴沿参考椭球子午圈方向并指向北,y 轴沿参考椭球卯酉圈方向并指向东,z 轴沿法线方向并指向天底。从定义可以看出,惯性导航坐标系在椭球面上是随飞行平台的运动而变化的,如图 10-9 所示。

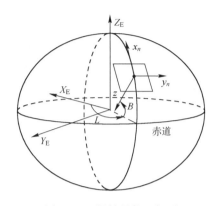

图 10-9 惯性导航坐标系

3. 物方坐标系和切面直角坐标系

物方坐标系是摄影测量中关联地面点和像点几何关系,进行测绘生产使用的坐标系统。物方坐标系常常采用 WGS84 UTM 投影坐标系、CGCS2000 高斯投影坐标系、1954 北京高斯投影坐标系、1980 西安高斯投影坐标系等椭球投影坐标系。使用椭球投影坐标系表示的坐标值进行区域网平差时,因地球曲率的存在,地面点在航摄像片上会存在位移,对于大面积的摄影测量作业影响非常严重,可以采用两种途径解决这个问题:一种是进行像点坐标改正,在地图投影面上建立相应的几何模型;另一种是以地心直角坐标系或切面直角坐标系为基础进行区域网平差,这种方法严密考虑了地球曲率的影响。由于地心直角坐标数值较大,不便于使用,实际应用中多采用切面直角坐标系统。椭球切面直角坐标系的原点 P_0 一般位于测区中央某点上,Z 轴沿法线方向指向椭球外,Y 轴在 P_0 点的大地子午面内与 Z 轴正交且指向北方向,X 轴与 Y、Z 轴构成右手坐标系统,如图 10-10 所示。

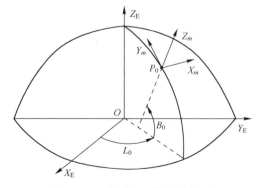

图 10-10 椭球切面直角坐标系

4. 焦平面坐标系

每个像素的焦平面坐标代表了这个像素在相片平面上的物理位置。焦平面坐标的原点在 CCD 像面的中心,飞行器的飞行方向作为焦平面坐标系统的 x 方向,y 坐标轴垂直于 x 轴。通常下视(nadir)方向 CCD 每个像素的焦平面坐标 x 值接近 0,而前视(后视)CCD 的每一个像素的 x 坐标值也接近一个负值(正值),前视坐标值接近于负焦距与前视角正切值的乘积,后视接近于焦距与后视角正切值的乘积。焦平面坐标的意义在于能够将像素坐标转化成相片坐标进行空间几何运算。通常相机参数每一行 CCD 保存了检校数据,记录了每个像元在相片平面上的坐标值。需要注意的是,虽然每一个像素的焦平面坐标的 x 坐标值往往比较接近,但它们并不是严格排列成一条直线,但是在一个比较小的范围内,如连续 200 像素,其排列是线性的。

5. 影像坐标系

这是一个以像素为单位的影像坐标系统。影像平面坐标系统的坐标原点设在影像的左上角,x 轴指向右,y 轴向下。CCD 每个成像时刻能够采集像素,因此原始影像上的任何一个点的 y 坐标值都不会大于 CCD 像元数;一整条航带的影像是对地面连续扫描存储得到的,只要没有进行切割,它们在宽度上的数值往往要比高度方向上的数值大得多。

10.3.2 POS 解算外方位参数

航飞 POS 数据是由安装在相机系统上的 GNSS 和 IMU 装置记录的位置数据和姿态数据,主要包括 WGS84 坐标系下大地坐标 (B,L,H) 以及在惯性坐标系中航偏、俯仰和侧滚角等信息。根据航空标准约定,如图 10-11 所示,侧滚角 Φ 是载体坐标系 y 轴与水平线的夹角,俯仰角 Θ 为载体坐标系 x 轴与水平线的夹角,航偏角 Ψ 是在水平面内,载体坐标系 x 轴与北方向之间的夹角。

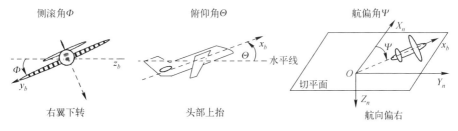

图 10-11 航偏、俯仰和侧滚角的定义

摄影测量处理中的外方位元素包括线元素和角元素,线元素是指摄影中心 S 在物方坐标系中的坐标 (X_S,Y_S,Z_S),角元素是指像空间坐标系到物方坐标系的旋转角度。外方位角元素由右手螺旋定则确定旋转的正方向,并采用 3 个相互独立的欧拉角描述。摄影测量外方位角元素系统主要有国际通用的 ω-φ-κ(OPK)系统和国内常用的 φ-ω-κ(POK)系统。OPK 系统是以 X、Y、Z 三轴的顺序进行旋转,其中 ω,φ,κ 角均采用正向旋转(右手旋转)。ω-φ-κ 角元素系统在国际上应用广泛,国际上许多商用平差软件,如 PAT-B、LPS、ORIMA、SOCET SET 等均采用该外方位角元素系统。POK 系统为国内普遍使用的外方位角元素系统,是按照 Y、X、Z 三轴的顺序进行旋转。其中,φ 定义为从 Y 轴正方向看顺时针为正,即为负向旋转(左手旋转),其他两个角为正向旋转(右手旋转)。

航飞 POS 数据与摄影测量处理中外方位元素定义不一致,需要按各自的定义进行相互转换,摄影测量处理中外方位元素与航飞 POS 数据之间的转换关系可分解为:物方坐标系(m)→地心直角坐标系(E)→导航坐标系(n)→IMU 载体坐标系(b)→相机坐标系(c)。

10.3.3 三线阵相机检校

三线阵影像的系统误差大体上可分为光学镜头相关误差和线阵列相关误差。三线阵相机光学系统相关误差主要包括像主点偏移、主距变化以及光学畸变等。

(1)主点偏移。从数学意义出发,像主点一般是取投影中心到像片平面的垂足点,这段垂线的长度定义为摄影机的主距,但在研究物镜的几何特性时,上述定义是不完善的。理想情况下,相机的成像面与镜头的主光轴严格垂直,垂足即为通常所说的像主点,镜头畸变以像主点为中心呈对称分布,但实际情况有所不同。主光轴在成像面上的垂足称为自动准直主点(Principal Point of Auto Collimation,PPA),它是垂直于像片平面的物方平行光束由物镜形成的像点;摄影物镜的径向畸变以某点为中心呈对称分布,该点称为对称主点(Principal Point of Symmetry,PPS)。像点坐标是以为中心起算的,相机主距 f 是以 PPS 为起点确定的。由于像主点定义的不完善,使像点坐标产生系统偏移,记为(Δxp,Δyp)。

(2)主距变化。相机主距亦称为相机常量,当相机调焦到无穷远时等于相机的焦距。相机主距的改变会对像点坐标产生缩放效应,可定量描述为

$$\begin{cases} \Delta x_f = -\dfrac{x-x_p}{f}\Delta f \\ \Delta y_f = -\dfrac{y-y_p}{f}\Delta f \end{cases} \qquad (10-1)$$

式中：Δf 为相机主距的变化；(x_p, y_p) 为镜头的像主点坐标；$(\Delta x_f, \Delta y_f)$ 为像点坐标改正项。

（3）光学畸变。镜头的光学畸变主要包括径向畸变和偏心畸变，其引起的像点坐标移位可根据 Brown 模型计算，即

$$\begin{cases} \Delta x_d = \overline{x}r^2 k_1 + \overline{x}r^4 k_2 + \overline{x}r^6 k_3 + (2\overline{x}^2 + r^2)p_1 + 2p_2\overline{xy} \\ \Delta y_d = \overline{y}r^2 k_1 + \overline{y}r^4 k_2 + \overline{y}r^6 k_3 + (2\overline{y}^2 + r^2)p_2 + 2p_1\overline{xy} \end{cases} \qquad (10-2)$$

式中：$k_i(i=1,2,3)$ 为径向畸变系数；p_1, p_2 为偏心畸变系数；r 为像点到对称像主点的辐射距，且有 $r^2 = x^2 + y^2 = (x-x_p)^2 + (y-y_p)^2$。

对于三线阵 CCD 传感器，除了前面提到的光学相机共有的检校参数之外，还有其特有的系统误差参数。一般认为，用于获取高精度遥感影像的线阵传感器由安置在与飞行方向垂直位置成一条直线的像元，但实际上这些条件是难以严格满足的，从而会对像点坐标造成系统性影响。

（4）像元尺寸误差。每个 CCD 单元的物理尺寸存在误差时，会使像点坐标产生缩放。这与相机主距变化的影响规律是一致的，但仅发生在坐标方向，即沿着线阵列的方向。对于多线阵相机，每个阵列都应引入一个尺度参数。因单元的尺寸误差造成的像点坐标改正量表示为

$$\Delta y_s = -(y-y_p)s \qquad (10-3)$$

（5）线阵的转动。对于线阵传感器，一般假定各线阵列与飞行方向是严格正交的，但在组装过程中不可避免地存在偏差。线阵列的转动主要对像点坐标产生影响，当线阵转动角时，其对坐标造成的误差表示为

$$\Delta x_\theta = \dfrac{y-y_p}{\rho}\theta \qquad (10-4)$$

（6）线阵的弯曲。线阵弯曲主要对像点坐标产生影响，改正项可表示为

$$\Delta x_b = (y-y_p)r_2 \qquad (10-5)$$

（7）线阵中心的偏移。每条 CCD 线阵列的中心像元一般与镜头的像主点不重合，从而造成像点坐标的平移。因此必须在统一像平面坐标系中精确测量每条线阵中心像元的位置，才可将像素坐标化算为统一像平面坐标。如果线阵中心像元位置的测量误差为 (dx, dy)，则需利用其对每个像点坐标进行改正。

目前,用于三线阵相机自检校的附加参数模型主要包括两类:一类是 ETH 根据三线阵传感器的特点设计的附加参数模型;另一类是改进的 Brown 附加参数模型,这也是 ORIMA 处理 ADS 系列相机所采用的自检校模型。改进的 Brown 模型取消了其中不适用于三线阵传感器的有关参数,例如器件表面的不平整等,其形式为

$$\begin{cases} \Delta x = a_1\bar{x}+a_2\bar{y}+a_3\bar{x}^2+a_4\overline{xy}+a_5\bar{y}^2+a_6\bar{x}^2y+a_7\overline{xy}^2+ \\ \quad \bar{x}(k_1r^2+k_2r^4+k_3r^6)+p_1(\bar{y}^2+3\bar{x}^2)+2p_2\overline{xy}-\Delta x_p-\dfrac{\bar{x}}{f}\Delta f \\ \Delta y = b_1\bar{x}+b_2\bar{y}+b_3\bar{x}^2+b_4\overline{xy}+b_5\bar{y}^2+b_6\bar{x}^2y+b_7\overline{xy}^2+ \\ \quad \bar{y}(k_1r^2+k_2r^4+k_3r^6)+p_2(\bar{x}^2+3\bar{y}^2)+2p_1\overline{xy}-\Delta y_p-\dfrac{\bar{x}}{f}\Delta f \end{cases} \quad (10\text{-}6)$$

式中:$a_1,a_2,\cdots,a_7$ 和 $b_1,b_2,\cdots,b_7$ 为描述 CCD 器件变形的参数。

对于三线阵影像的系统误差,无论是光学镜头相关误差还是线阵列相关误差最终都表现为 $(\Delta x,\Delta y)$,因此只需要记录下三线阵相机的每个 CCD 像元变化值,即可进行内参标定。

10.3.4 三线阵影像纠正

即使飞行器上安装了稳定装置,由于飞行过程中的测滚、俯仰和航偏等因素的影响,线阵影像也无法保证所有成像时刻探测器在地面上的投影之间相互平行。如图 10-12 所示,即便是飞行器上比较小的颤抖,也将在地面上造成比较大的偏移,从而使得扫描线之间很难保证相互平行。

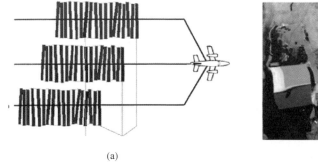
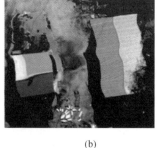

(a)   (b)

图 10-12 飞行器抖动导致扫描行变化及影像变形

(a) 飞行器抖动导致扫描行变化;(b) 飞行器抖动导致影像变形。

这种扫描特点最终使得原始影像上的地物有很大的变形,如一条笔直的道路在原始影像上将变成一条弯曲的道路,或者一个矩形的房屋的各个边会成为曲线,如图 10-12 所示。这种几何变形对于立体观测和特征提取很不利,必须对这种存在较大变形的原始影像进行纠正。

三线阵原始影像的纠正过程原理可以概括为:利用外方位元素将整个影像平面上所有的像素投影到一个与地面的平均高度近似的平面上,通过对投影面上点的旋转、平移和比例缩放,得到新的影像。三线阵原始影像的纠正过程原理图如图 10-13 所示。

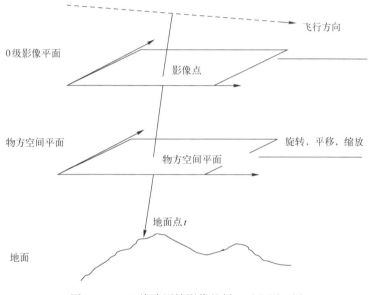

图 10-13　三线阵原始影像的纠正过程原理图

纠正过程描述如下:

(1) 将原始影像上的每个点的像素坐标转化为焦平面坐标,即由像素坐标转化为物理意义的焦平面坐标。这个过程以原始影像像素点的 y 坐标作为索引,到相机检校文件中寻找对应的该像素的焦平面坐标。同样一幅原始影像中的点,只要这些点的像素坐标的 y 值相等,那么它们对应的焦平面坐标也是相同的。因为一幅原始影像所有列只能由一个 CCD 产生,这幅影像上所有的列对应一组相同的相机检校结果。

令原始影像像点坐标是 (p_x^0, p_y^0),它的焦平面坐标是 (p_x', p_y'),变换公式为

$$\begin{cases} p'_x = x_{cal}[\text{pos}] + d \cdot (x_{cal}[\text{pos}+1] - x_{cal}[\text{pos}]) \\ p'_y = y_{cal}[\text{pos}] + d \cdot (y_{cal}[\text{pos}+1] - y_{cal}[\text{pos}]) \end{cases} \quad (10\text{-}7)$$

$$\text{pos} = \text{int}(p_y^0), \, d = p_y^0 - \text{pos} \quad (10\text{-}8)$$

式中:x_{cal} 和 y_{cal} 为相机检校文件中各个像素的焦平面坐标。

(2) 利用原始影像像点的 x 坐标作为索引,找到该点成像时刻对应的外方位元素,然后将这个点的物理坐标用共线方程投影到物方空间的一个平面上去。物方空间平面的高度应当接近整个摄影区域的平均高度。这一步的过程相当于用一个平面去截断每一列影像的投影面。截断平面的高度与整个测区的平均高度接近,才能保证地物在平面上的投影的变形最小,受投影中心测滚、航偏和俯仰等因素的影响也最小。

令物方空间的投影坐标为 (P_x, P_y, P_z),f 是相机焦距,变换公式为

$$\begin{cases} P_x = X_s + (P_z - Z_s) \dfrac{a_1 p'_x + a_2 p'_y - a_3 f}{c_1 p'_x + c_2 p'_y - c_3 f} \\ P_y = Y_s + (P_z - Z_s) \dfrac{b_1 p'_x + b_2 p'_y - b_3 f}{c_1 p'_x + c_2 p'_y - c_3 f} \end{cases} \quad (10\text{-}9)$$

式中:(X_s, Y_s, Z_s) 为投影时刻的投影中心坐标;$\begin{pmatrix} a_1 & a_2 & a_3 \\ b_1 & b_2 & b_3 \\ c_1 & c_2 & c_3 \end{pmatrix}$ 为成像时刻的旋转矩阵。

(3) 将平面上的点进行旋转、平移和比例缩放得到新的影像(通常称为 L1 级影像)。令 (p_s, p_l) 是纠正后 L1 级影像的坐标,则其计算公式为

$$\begin{cases} p_s = m \cdot (P_x \cos\alpha - P_y \sin\alpha) - x_{\text{offset}} \\ p_l = \text{lines} - [m \cdot (P_x \sin\alpha + P_y \cos\alpha) - y_{\text{offset}}] \end{cases} \quad (10\text{-}10)$$

式中:m 为缩放系数;lines 为纠正后 L1 级影像的高度;α 为纠正旋转的角度;x_{offset} 和 y_{offset} 为纠正的偏移量。

这一步实际上只是一个二维的变换,没有引入高程信息,其中各个参数的意义如下:

① 缩放系数 m:为了保证纠正后的影像与原始影像保持相同的像素分辨率,缩放比例必须取分辨率的倒数。这个值将使 0 级影像与 1 级影像保持同样的分辨率,也就是使得 0 级影像上两个相邻的像素在 1 级影像上仍然是相邻的像素。两个相邻像素投影到平面上去之后,因为纠正平面的高度与实际的地面

高度很接近,它们在投影平面上的距离就是地面分辨率的大小。因此,为了实现纠正影像与原始影像分辨率的一致,必须将投影之后的平面坐标值除以分辨率的值。缩放比例是随着投影平面高度的变化而变化的。为了保证影像间比例尺的一致,整个测区应该按照同样的平面高度进行投影。

② L1 级影像的高度 lines:纠正后 L1 级影像的高度,其值等于 $\dfrac{X_o\sin\alpha-Y_o\cos\alpha}{m}$ 的最大值减去 $\dfrac{X_o\sin\alpha-Y_o\cos\alpha}{m}$ 的最小值。

③ 旋转角度 α:令 (X_1,Y_1) 和 (X_2,Y_2) 分别对应第一个成像时刻和最后一个成像时刻的外方位元素中直线元素的平面坐标,则 $\alpha=\arctan[(Y_2-Y_1)/(X_2-X_1)]$,这样通过 α 的旋转,第一个时刻和最后一个时刻外方位元素平面坐标的连线方向将变成水平方向。

④ x_{offset} 和 y_{offset}:如果解决了缩放比例和旋转角度的取值问题,那么平面上的平移就变得相当简单,只需要通过将 0 级影像上的边界点投影到平面上之后,寻找按照 $[X_o\cos(\alpha)+Y_o\sin(\alpha)]/m$ 和 $[X_o*\sin(\alpha)-Y_o*\cos(\alpha)]/m$ 计算的中间值的最大值和最小值,就可以获得 x_{offset} 和 y_{offset} 的取值。

纠正过程中需要注意几点:①L1 级影像仍然是多中心投影的成像方式,只不过这个时候的成像平面不再是 CCD 的焦平面,而是物方空间中与测区高度近似的投影平面。②关于纠正影像的高度选择和缩放系数的确定。纠正平面的高度应当选择与航带的平均高度接近,这样做不仅能够使得 y 方向和 x 方向按照同样的比例进行缩放,而且保证了纠正影像最小的变形。

由于线阵列推扫式的特性,影像在不同高度平面上的投影的长宽比是不同的。例如一幅 130000×12000 像素大小的 0 级影像,影像的分辨率为 0.1m,地面的平均高度是 800m,那么它在 800m 高度的平面上的投影区域大约为 13000m×1200m,但是在 1400m 高度平面上的投影变成了 13000m×480m。如果要保证纠正之后的影像与原始影像具有相同的分辨率,800m 纠正高度上 x 和 y 方向上的缩放比例因子相同,均为 10。但是 1400m 平面上 x 和 y 方向上的缩放比例因子就不相同,分别是 10 和 25。那么为什么纠正高度与实际高度越接近,纠正变形越小呢?如图 10-14 所示,假定地面上 3 个地物 A,B,C 沿飞机飞行方向等间距排列,且有近似相等的高度,3 个地物在下视 CCD 上的成像时刻对应的投影面分别是 l_1,l_2 和 l_3,由于飞行器的不稳定,尽管都是下视投影面,l_1、l_2 和 l_3 并不能严格平行,在图 10-14 上 l_2 和 l_3 相互平行,l_1 与他们不平行。此时 A、B、C 在其他两个平面上的投影分别是 A_1 和 A_2、B_1 和 B_2、C_1 和 C_2,于是在与地面高度近似的平面上，$AB = BC$，但是在其他两个面上，$A_1B_1 < B_1C_1$，$A_2B_2 < B_2C_2$。只有与地面相同高度的纠正平面保证了 A、B、C 原来的间距关系，纠正平面过高或者过低都会使地物的相对位置关系发生变化。

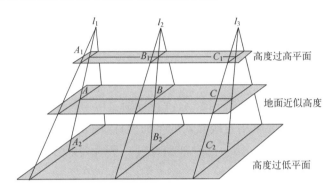

图 10-14　纠正高度选择不好对纠正结果的影响

10.3.5　三线阵三维点投影

根据共线方程对三维点进行投影，是摄影测量中一个基本而又重要的处理过程。它在矢量数据投影、生产正射影像等步骤中起着不可替代的作用。对于框幅式相机影像，三维点投影是一个简单步骤，根据相片的外方位元素，可以直接将三维点投影到影像上面。但是这个问题对于三线阵推扫成像的影像则变得有些困难，因为对于连续推扫成像的数据，无法直接得到某个三维点的成像时刻，也就不知道三维点成像时刻的外方位元素。一幅推扫式航拍带状影像（简称航带影像）宽度超过 10^5 列，也就对应了 10^5 组外方位元素，将一个三维点投影到影像上需要先从这 10^5 组外方位元素中找到该三维点成像时刻的外方位元素。因此相对于框幅式相机的地面三维点投影，三线阵数据的三维点投影需要寻找点成像时刻对应的外方位元素。

三线阵影像是由连续推扫得到的，由于飞行器的颤动等原因，扫描投影面之间并不严格平行。也就是说，原始影像上存储的每行投影到地面上去的时候并不是严格平行的。这就没有办法按照用三维点的 X 坐标减去航带的起点 X 坐标再除以分辨率的方式寻找精确的三维点成像时刻的外方位元素。然而三线阵原始影像上每一个像素的焦平面坐标是已知的，这一点可以用来为三维点搜索成像时刻的外方位元素，通常采用一种从粗到精的搜索过程。

假定要进行投影的三维点的坐标为 $P(X, Y, Z)$，整个原始影像的大小是 (lines * samples)，先将整个原始影像作为初始的搜索范围。将原始影像上的 4

个角点(0,0),(0,samples-1),(lines-1,0),(lines-1,samples-1),投影到与地面点 P 高度相同的平面上(通过这 4 个点的原始像素坐标的 x 值可以检索到它们成像时刻的外方位元素),得到 4 个三维点 (X_i,Y_i,Z) $(i=0,1,2,3)$,这样就可以确定 (x_i,y_i) $(i=0,1,2,3)$ 与 (X_i,Y_i) $(i=0,1,2,3)$ 之间的一个大致的仿射变换关系,即

$$\begin{cases} x_i = a_1 + a_2 X_i + a_3 Y_i \\ y_i = b_1 + b_2 X_i + b_3 Y \end{cases} (i=0,1,2,3) \tag{10-11}$$

根据式(10-11),可以由 $P(X,Y,Z)$ 计算出一个二维坐标 (x_0,y_0)。以 (x_0,y_0) 为中心,分别向上下左右延伸出一个只有原始搜索范围 1/4 大小的一个搜索区域,然后再将这个搜索区域的 4 个角点进行投影,计算仿射变换系数,可以确定一个新的更精确的搜索区域。重复上述步骤直到搜索区域小于给定阈值的大小(如一个 500×250 像素的范围)。

下面在这个 500×250 像素大小的范围内进行精确搜索。令 0 级影像上粗略搜索范围内第一列和最后一列的 x 坐标值分别为 x_s 和 x_e,第一行和最后一行的 y 坐标值为 y_s 和 y_e,此时通过 y_s 和 y_e 可以找到焦平面坐标系下的两个点 p_{y_s} 和 p_{y_e}。虽然从总体来讲,整个 CCD 上的所有像素在焦平面上的物理坐标排列起来并不是一条严格的直线,但是可以认为焦平面上在 p_{y_s} 和 p_{y_e} 之间的像素是按照直线排列的,且这条直线可以用 p_{y_s} 和 p_{y_e} 表示出来,记为 l,称为判断直线。由于原始影像上在这个搜索范围内所有列的起点和终点的像素坐标的 y 值是相同的,因此所有列对应了焦平面坐标上相同的一段范围,即从 x_s 到 x_e 之间的所有列在焦平面上都对应了判断直线 l。现在以这个搜索范围内每一列的 x 坐标为索引,依次将三维点 $P(X,Y,Z)$ 按照从 x_s 到 x_e 的外方位元素进行投影,并且计算每一个投影点到判断直线 l 之间的距离。距离最小值对应的外方位元素就是这个三维点成像时刻的外方位元素。只有使得三维点投影得到的焦平面坐标正好落在判断直线上,正好能够使得该点的投影光线被对应的 CCD 记录下来的外方位元素才是这个三维点在对应的 CCD 上成像的外方位元素。整个搜索成像行过程如图 10-15 所示。

(1) 地面坐标到焦平面(原始影像)投影表示为

$$\begin{cases} p'_x = -f \dfrac{a_1(G_X-X_S)+b_1(G_Y-Y_S)+c_1(G_Z-Z_S)}{a_3(G_X-X_S)+b_3(G_Y-Y_S)+c_3(G_Z-Z_S)} \\ p'_y = -f \dfrac{a_2(G_X-X_S)+b_2(G_Y-Y_S)+c_2(G_Z-Z_S)}{a_3(G_X-X_S)+b_3(G_Y-Y_S)+c_3(G_Z-Z_S)} \end{cases} \tag{10-12}$$

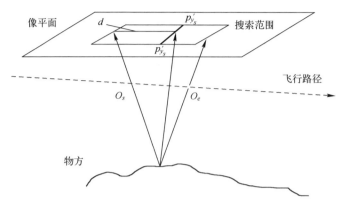

图 10-15 搜索成像行过程

$$\begin{pmatrix} a_1 & a_2 & a_3 \\ b_1 & b_2 & b_3 \\ c_1 & c_2 & c_3 \end{pmatrix} = R(\omega)R(\varphi)R(\kappa)$$

式中:f 为摄影机焦距;(G_X, G_Y, G_Z) 为地面点三维坐标;(X_S, Y_S, Z_S) 为投影中心。这个过程中外方位元素是通过搜索得到的。

(2) 焦平面到物方空间平面(高度固定)的投影可表示为

$$\begin{cases} P_x = X_s + (P_z - Z_s) \dfrac{a_1 P'_x + a_2 P'_y - a_3 f}{c_1 P'_x + c_2 P'_y - c_3 f} \\ P_y = Y_s + (P_z - Z_s) \dfrac{b_1 P'_x + b_2 P'_y - b_3 f}{c_1 P'_x + c_2 P'_y - c_3 f} \end{cases} \quad (10-13)$$

$$\begin{pmatrix} a_1 & a_2 & a_3 \\ b_1 & b_2 & b_3 \\ c_1 & c_2 & c_3 \end{pmatrix} = R(\omega)R(\varphi)R(\kappa)$$

式中:(P_X, P_Y, P_Z) 为物方空间坐标(其中 P_Z 由摄影地面的平均高程决定);(X_S, Y_S, Z_S) 为成像时刻的投影中心。

(3) 物方空间平面到 L1 级影像的纠正,采用式(10-12)和式(10-13)可以进行计算。

这个过程相对于传统的框幅式相机的投影是一个很耗时的过程。例如,从 100000×12000 的原始搜索范围确定一个 500 行×250 列的搜索范围,至少需要循环 8 次,每一次都有 4 个点需要进行投影。精确搜索时如果不加任何改进步骤,则需要投影计算 500 次。也就是说,相对于传统框幅式摄影测量中一个点的投影时间,线阵相机摄影测量中一个点的投影时间则是其百倍。

10.3.6 三线阵前方交会

三线阵影像中原始影像点的前方交会和框幅式航片的前方交会过程相同。因为原始影像的 x 坐标就是这个点对应的外方位元素的索引,将原始像素点转换为焦平面物理坐标之后用对应的外方位元素就可以进行前方交会。但是三线阵系统中用于测图和匹配的是 L1 级影像而非原始影像,在将 L1 级影像坐标转化为原始影像坐标时,外方位元素的搜索过程同样也是存在的。在将 L 级影像转换回原始影像点的时候,需要先将 L1 级影像点转换成一个三维的纠正平面上的点,然后由这个三维点投影出原始影像坐标。也就是说,将 L1 级影像点通过逆变换,得到一个三维点之后,如何将这个三维点投影到原始影像上去同样需要进行搜索。

令 L1 级影像上的同名像点为 $(p_s, p_l)(p_s', p_l')$,使用 L1 级影像进行前方交会的过程如下:

(1) 将 $(p_s, p_l)(p_s', p_l')$ 经过旋转和平移以及比例缩放,变换到物方的目标空间的平面上去,也就是前面所讲的 L1 级影像的纠正平面,得到 (X_0, Y_0, Z_0) 和 (X_0', Y_0', Z_0'),这一步的转化公式为

$$\begin{cases} X_0 = \dfrac{1}{m}(p_S^1 + x_{\text{offset}})\cos\alpha + \dfrac{1}{m}(\text{lines} - p_l^1 + y_{\text{offset}})\sin\alpha \\ Y_0 = -\dfrac{1}{m}(p_S^1 + x_{\text{offset}})\sin\alpha + \dfrac{1}{m}(\text{lines} - p_l^1 + y_{\text{offset}})\cos\alpha \\ Z_0 = \text{height} \end{cases} \quad (10-14)$$

式中:height 为纠正平面的高度。

(2) 寻找 (X_0, Y_0, Z_0) 和 (X_0', Y_0', Z_0') 在成像时刻的外方位元素,并且投影这两个点得到两个点的焦平面的物理坐标和 (p_x', p_y') 和 (px'', py''),其公式为

$$\begin{cases} p_x' = -f\dfrac{a_1(X_0 - X_S) + b_1(Y_0 - Y_S) + c_1(Z_0 - Z_S)}{a_3(X_0 - X_S) + b_3(Y_0 - Y_S) + c_3(Z_0 - Z_S)} \\ p_y' = -f\dfrac{a_2(X_0 - X_S) + b_2(Y_0 - Y_S) + c_2(Z_0 - Z_S)}{a_3(X_0 - X_S) + b_3(Y_0 - Y_S) + c_3(Z_0 - Z_S)} \end{cases} \quad (10-15)$$

(3) 利用外方位元素和焦平面的物理坐标,根据共线方程前方交会出目标的空间三维坐标,前方交会原理和过程的示意图如图 10-16 和图 10-17 所示。

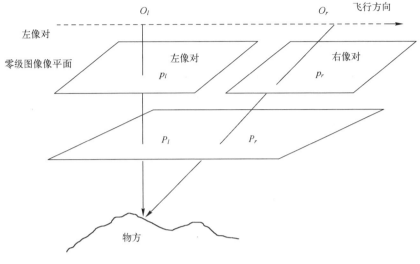

图 10-16　前方交会原理示意图

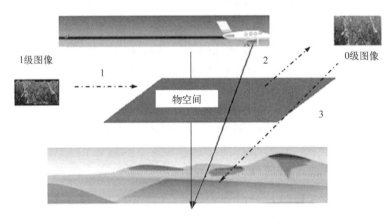

图 10-17　前方交会过程示意图

10.3.7　三线阵区域网平差

由于机载三线阵相机独特的成像方式,使得每一扫描行都有一套外方位元素。在进行光束法区域网平差时,无法全部解算每一扫描行的姿态参数。对于三线阵影像平差,常使用三种数学模型来描述飞行轨迹,分别是低阶多项式模型、分段多项式模型和定向片内插模型。

1. 线性多项式模型(LPM)

航空平台受气流风速等外界因素影响,导致传感器发生高频变化,外方位元素的变化情况无法使用线性多项式来表达。但是,由于能提供较为精确的外方位元素初值,其测量误差呈现出很强的系统性,因此可以采用低阶线性多项式来描述测量误差,其实质是对数据进行了漂移误差和偏移误差改正。此时 t 时刻外方位元素可表示为

$$\begin{cases} X_S = X_{GNSS} + a_X + b_X(t-t_0) \\ Y_S = Y_{GNSS} + a_Y + b_Y(t-t_0) \\ Z_S = Z_{GNSS} + a_Z + b_Z(t-t_0) \\ \omega = \omega_{IMU} + a_\omega + b_\omega(t-t_0) \\ \varphi = \varphi_{IMU} + a_\varphi + b_\varphi(t-t_0) \\ \kappa = \kappa_{IMU} + a_\kappa + b_\kappa(t-t_0) \end{cases} \quad (10-16)$$

将式(10-16)代入到线性化的共线条件方程中,则 LPM 模型平差的误差方程可表示为

$$\begin{cases} V_X = AX_c + Bx_a + Cx_g - L_X & P_X \\ V_C = EX_c & -L_C & P_C \\ V_A = \quad EX_a & -L_A & P_A \\ V_G = \quad\quad EX_g - L_G & P_G \end{cases} \quad (10-17)$$

式中: X_c 为 GNSS 漂移参数列向量; X_a 为 IMU 角元素漂移参数列向量; x_g 为地面坐标列向量; V_X 为像点坐标观测值残差向量; V_C、V_A 和 V_G 分别为 GPS 漂移参数、IMU 漂移参数和地面坐标观测值残差向量; A、B、C 为相应的设计矩阵; P_X、P_C、P_A、P_G 为相应的权矩阵。

2. 分段多项式模型(PPM)

分段多项式模型,是将整个航线按照一定的时间间隔分段,并在每个分段内,使用时间 t 的低阶多项式来描述外方位元素,进而建立的航迹变化模型。对于第 i 个轨道分段内的时刻 t,分段多项式模型可表示为

$$\begin{cases} X_S = X_{GNSS} + X_0^i + X_1^i \bar{t} + X_2^i \bar{t}^2 \\ Y_S = Y_{GNSS} + Y_0^i + Y_1^i \bar{t} + Y_2^i \bar{t}^2 \\ Z_S = Z_{GNSS} + Z_0^i + Z_1^i \bar{t} + Z_2^i \bar{t}^2 \\ \omega = \omega_{IMU} + \omega_0^i + \omega_1^i \bar{t} + \omega_2^i \bar{t}^2 \\ \varphi = \varphi_{IMU} + \varphi_0^i + \varphi_1^i \bar{t} + \varphi_2^i \bar{t}^2 \\ \kappa = \kappa_{IMU} + \kappa_0^i + \kappa_1^i \bar{t} + \kappa_2^i \bar{t}^2 \end{cases} \quad (10-18)$$

从式(10-18)可以看出,PPM 在每个分段轨道内有 18 个定向参数未知数。

在分段边界处,需要考虑外方位元素变化的连续性,也就是由相邻分段多项式 i 和 $i+1$ 计算出的外方位元素应满足相等的约束条件,即

$$\begin{cases} X_0^i+X_1^i\bar{t}+X_2^i\bar{t}^2 = X_0^{i+1}+X_1^{i+1}\bar{t}+X_2^{i+1}\bar{t}^2 \\ Y_0^i+Y_1^i\bar{t}+Y_2^i\bar{t}^2 = Y_0^{i+1}+Y_1^{i+1}\bar{t}+Y_2^{i+1}\bar{t}^2 \\ Z_0^i+Z_1^i\bar{t}+Z_2^i\bar{t}^2 = Z_0^{i+1}+Z_1^{i+1}\bar{t}+Z_2^{i+1}\bar{t}^2 \\ \omega_0^i+\omega_1^i\bar{t}+\omega_2^i\bar{t}^2 = \omega_0^{i+1}+\omega_1^{i+1}\bar{t}+\omega_2^{i+1}\bar{t}^2 \\ \varphi_0^i+\varphi_1^i\bar{t}+\varphi_2^i\bar{t}^2 = \varphi_0^{i+1}+\varphi_1^{i+1}\bar{t}+\varphi_2^{i+1}\bar{t}^2 \\ \kappa_0^i+\kappa_1^i\bar{t}+\kappa_2^i\bar{t}^2 = \kappa_0^{i+1}+\kappa_1^{i+1}\bar{t}+\kappa_2^{i+1}\bar{t}^2 \end{cases} \quad (10-19)$$

若考虑到轨道光滑,可再附加一阶导数相等的条件,即

$$\begin{cases} X_1^i+2X_2^i\bar{t} = X_1^{i+1}+2X_2^{i+1}\bar{t} \\ Y_1^i+2Y_2^i\bar{t} = Y_1^{i+1}+2Y_2^{i+1}\bar{t} \\ Z_1^i+2Z_2^i\bar{t} = Z_1^{i+1}+wZ_2^{i+1}\bar{t} \\ \omega_1^i+2\omega_2^i\bar{t} = \omega_1^{i+1}+2\omega_2^{i+1} \\ \varphi_1^i+2\varphi_2^i\bar{t} = \varphi_1^{i+1}+2\varphi_2^{i+1}\bar{t} \\ \kappa_0^i+\kappa_1^i\bar{t}+\kappa_2^i\bar{t}^2 = \kappa_0^{i+1}+\kappa_1^{i+1}\bar{t}+\kappa_2^{i+1}\bar{t}^2 \end{cases} \quad (10-20)$$

将多项式系数作为观测值,则 PPM 模型平差误差方程可表示为

$$\begin{cases} V_X = AX_d+Cx_g-L_X & P_X \\ V_1 = A_1 X_d \quad\quad -L_1 & P_1 \\ V_2 = A_2 X_d \quad\quad -L_2 & P_2 \\ V_D = DX_d \quad\quad -L_D & P_A \\ V_G = \quad\quad EX_g-L_G & P_G \end{cases} \quad (10-21)$$

式中:X_d 为多项式系数向量;X_g 为地面坐标改正数向量;V_X 为像点坐标观测值残差向量;V_1、V_2 为 1 阶和 2 阶连续性观测值残差向量;V_D 和 V_G 分别为多项式系数和地面坐标观测值残差向量;(A_1, A_2, A, C, D) 为相应的设计矩阵。

3. 定向片内插模型(OIM)

Hofmann 曾经提出利用等间隔时刻点的外方位元素来重新建立各个采样周期所对应的外方位元素的方法。后来,Ebner 和 Hoffman 等又对该方法进行了深化和发展,提出了在飞行航线上面以一定的时间间隔来抽取离散的光时刻,

如图 10-18 中的 K 和 $K+1$ 时刻,这些时刻点所对应生成的影像成为定向片。在平差过程中,不需要求解每个曝光时刻的定向参数,只需求解抽取定向片时刻所对应的外方位元素的定向参数,其他采样周期的外方位元素根据定向片时刻的外方位元素进行内插得到,这种方法就是三线阵影像平差被广泛采纳的定向片法模型。

定向片内插模型通常使用的插值算法是拉格朗日多项式插值。在图 10-18 中,假设在定向片 K 和 $K+1$ 之间存在地面点 P,其像点位于第 j 扫描行,则使用三次拉格朗日多项式内插,第 j 扫描行的外方位元素 $(Xs_j, Ys_j, Zs_j, \omega_j, \varphi_j, \kappa_j)$ 可利用相邻 4 个定向片 $K-1$、K、$K+1$ 和 $K+2$ 的外方位元素内插得到,即

$$P(t_j) = \sum_{i=K-1}^{K+2} P(t_i) \prod_{\substack{k=K-1 \\ k \neq i}}^{K+2} \frac{t-t_k}{t_i-t_k} \tag{10-22}$$

式中:$P(t)$ 为 t 时刻的某一外方位元素分量。

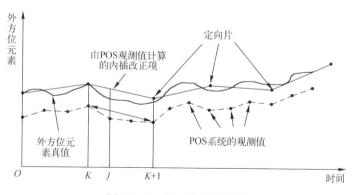

图 10-18 定向片内插模型

由此可见,定向片内插方法实际上是在常规拉格朗日线性内插基础上,加上了由 POS 数据计算得出的内插修正项,即

$$\begin{cases} X_S^j = c_j X_S^k + (1-c_j) X_S^{k+1} - \delta X_j \\ Y_S^j = c_j Y_S^k + (1-c_j) Y_S^{k+1} - \delta Y_j \\ Z_S^j = c_j Z_S^k + (1-c_j) Z_S^{k+1} - \delta Z_j \\ \omega^j = c_j \omega^k + (1-c_j) \omega^{k+1} - \delta \omega_j \\ \varphi^j = c_j \varphi^k + (1-c_j) \varphi^{k+1} - \delta \varphi_j \\ \kappa^j = c_j \kappa^k + (1-c_j) \kappa^{k+1} - \delta \kappa_j \end{cases} \tag{10-23}$$

进一步可由 GNSS/IMU 数据观测值计算改正项（$\delta X_j, \delta Y_j, \delta Z_j, \delta\omega_j, \delta\varphi_j, \delta\kappa_j$），即

$$\begin{cases} \delta X_j = c_j X_{\text{GNSS}}^k + (1-c_j) X_{\text{GNSS}}^{k+1} - X_{\text{GNSS}}^j \\ \delta Y_j = c_j Y_{\text{GNSS}}^k + (1-c_j) Y_{\text{GNSS}}^{k+1} - Y_{\text{GNSS}}^j \\ \delta Z_j = c_j Z_{\text{GNSS}}^k + (1-c_j) Z_{\text{GNSS}}^{k+1} - Z_{\text{GNSS}}^j \\ \delta\omega_j = c_j \omega_{\text{IMU}}^k + (1-c_j) \omega_{\text{IMU}}^{k+1} - \omega_{\text{IMU}}^j \\ \delta\varphi_j = c_j \varphi_{\text{IMU}}^k + (1-c_j) \varphi_{\text{IMU}}^{k+1} - \varphi_{\text{IMU}}^j \\ \delta\kappa_j = c_j \kappa_{\text{IMU}}^k + (1-c_j) \kappa_{\text{IMU}}^{k+1} - \kappa_{\text{IMU}}^j \end{cases} \quad (10-24)$$

以定向片的外方位元素和地面坐标为未知数，可以得出定向片法光束法平差时像点坐标观测值的误差方程。

由上述推导过程可以看出，OIM 可直接将 POS 导航解作为外方位元素观测值直接使用，并可以同时考虑其系统性误差的改正，使得平差系统更加稳定。因此，将定向片的外方位元素及 POS 系统漂移参数作为未知数，可得到定向片法平差的总误差方程为

$$\begin{cases} V_X = AX + Bx_g - L_X & P_X \\ V_E = EX + CX_d - L_E & P_E \\ V_D = DX_d - L_D & P_A \\ V_G = EX_g - L_G & P_G \end{cases} \quad (10-25)$$

式中：X 为定向片外方位元素列向；x_g 为地面坐标列向量；X_d 为 GNSS/IMU 系统漂移参数向量；V_X 为像点坐标观测值残差向量；$V_E、V_D$ 和 V_G 分别为外方位元素、漂移参数和地面坐标观测值残差向量；A,B,C 为相应的设计矩阵；P_X,P_E,P_D,P_G 为相应的权矩阵。

10.4 三线阵相机数据处理系统

三线阵相机数据处理系统是指相机获取了影像后的数据处理部分，也就是航测生产中的数字摄影测量系统（DPS）或数字摄影测量工作站（DPW）。数字摄影测量系统包含一定的专用硬件和软件系统。专用硬件主要包含计算机、立体观测及操作控制设备、输出设备绘图仪等，而软件系统主要由数字影像处理模块、模式识别模块、解析摄影测量模块及辅助功能模块组成。针对三线阵相

机,这些模块通常称为 POS 解算、影像纠正、影像匹配、POS 辅助空中三角测量和测绘产品生产等。数字摄影测量系统现在已经趋于成熟,很多数字摄影测量系统不仅可处理传统框幅影像,而且支持三线阵相机的处理。可进行三线阵相机处理又比较著名的系统有:

(1)数字摄影测量系统(LPS);
(2)像素工厂(Pixel Factory);
(3)像素网格(Pixel Grid);
(4)数字摄影测量工作站(VirtuoZo);
(5)数字摄影测量网络(DPGrid)。

10.4.1 数字摄影测量系统

数字摄影测量系统(Leica Photogrammetric Suite,LPS)是美国莱卡公司研发的数字摄影测量系统,具有简单易用的用户界面以及强大而完备的数据处理功能,深受全球摄影测量和遥感用户的喜爱,如图 10-19 所示。LPS 为广泛的地理影像应用提供了高精度、高效能的数据生产工具,是面向海量数据生产的优秀解决方案。LPS 对航天航空数字摄影测量传感器(如 SPOT5、QuickBirds、DMC、Leica RC30、ADS、A3 系列等)的全面支持、影像自动匹配、空中三角测量、地面模型的自动提取、亚像素级点定位等功能,在提高数据精度的同时,也大大地提高了数据生产的效率。LPS 采用模块化的软件设计,支持丰富多样的扩展模块,为用户提供了多种方便实用的功能选择,可根据用户需求灵活配置,具有功能强大、使用方便的优点。

图 10-19　莱卡公司 LPS 摄影测量系统

LPS 可以满足数字摄影测量人员的全部要求,从原始图像分析到视线分析。这些任务可以使用多种图像格式、地面控制点、定向和 GPS 数据、矢量数据和处理过的图像。LPS 系列产品包括核心模块 LPS Core、LPS Stereo 立体观测模块、LPS ATE 数字地面模型自动提取模块、LPS eATE 并行分布式数字地面模型自动提取模块、LPS Terrain Editor(TE)数字地面模型编辑模块、LPS ORIMA 空三加密模块、LPS PRO600 数字测图模块、Stereo Analyst for ERDAS IMAGINE/ArcGIS 立体分析模块和 ImageEqualizer 影像匀光器模块,各模块简介如下：

(1) 核心模块 LPS Core 提供了功能强大且操作简单的数字摄影测量工具,包括强大的定向和正射纠正工具,其他数字摄影测量所必需的工具,以及影像处理方面的功能。LPS Core 包含 ERDAS IMAGINE advantage 遥感图像处理软件,能够完成卫星影像、框幅式航空影像片和三线阵 ADS 影像的地面处理。

(2) LPS Stereo 立体观测模块以多种方式对影像进行三维立体观测,能够在立体模式下提取地理空间内容,进行子像元定位、连续漫游和缩放、快速图像显示。

(3) LPS ATE 数字地面模型自动提取模块能够利用尖端技术从两幅或多幅影像自动进行快速、高精度的 DTM 提取。

(4) LPS eATE 并行分布式数字地面模型自动提取模块可采用全新地形提取算法,逐点灰度匹配,提取高密度的点云输出地面,利用多线程并行和分布式计算,输出包括 RGB 编码的 LAS 在内的多种数据格式,通过集成点分类获得经严密过滤的裸地形图。

(5) LPS Terrain Editor (TE) 数字地面模型编辑模块是编辑 DTM 的工具,能迅速更新地图,包括立体模式下点、线、面地形编辑。地形编辑支持多种 DTM 格式,如 ERDASTerrain Format、SOCET SET TIN、SOCET SET GRID、TerraModel TIN 和 Raster DEM 等。

(6) LPS ORIMA 空三加密模块是区域网空中三角量测与分析的软件模块,支持基于 POS 或 GPS 的平差解算,能够实现框幅式影像和 ADS40/80 影像的空中三角测量,可指定和输出 GPS/IMU 校正参数。

(7) LPS PRO600 数字测图模块能实现交互式特征采集,必须集成在 Bentley 公司的 MicroStation 环境下,为用户提供了灵活易学、以 CAD 为基础用于立体影像大比例尺数字成图的工具,包括标记、符号、颜色、线宽、用户定义线型和格式等。

（8）Stereo Analyst for ERDAS IMAGINE/ArcGIS 立体分析模块是 LPS 系统中三维数据采集的另一个选择。在 Erdas IMAGINE 或 ArcGIS 平台上进行真正三维特征采集和编辑，也是完全基于 GIS 的摄影测量立体量测产品。

（9）ImageEqualizer 影像匀光器是 LPS 修正和增强影像质量非常有用的工具，可以对色彩不均衡的影像进行匀光处理，均衡和完善单幅或多幅影像的色度，自动去除局部斑点（Hot-spots）、晕映和变形。

10.4.2 像素工厂

像素工厂（Pixel Factory）是 Inforterra 公司在多年技术积累的基础上开发的海量遥感数据的自动处理系统，Inforterra 公司和 SPOT IMAGE 公司同属 EADS ASTRIUM 集团。随着高性能 PC 计算机的出现，摄影测量工作站能够在硬件上使用基于多核 CPU 的"刀片"计算机，在软件上使用 64 位操作系统和 64 位高级语言 C++，以及能将串行计算并行化的平台工作室，这为摄影测量工作站从全数字化过渡到全自动化提供了基础。Pixel Factory 就是设计用来进行自动处理海量存档卫星影像和航空相机数据的工具。Pixel Factory 速度快、效率高，并为用户带来一系列测绘产品，包括数字地表模型、数字地形模型、传统正射影像、真正射影像、城市变化监测图以及三维城市模型等。该系统高度自动化处理方法在生产过程中很受欢迎，其多传感器处理技术和多级终端产品为生产前景提供了有效的支持。其中，生产真正射影像的能力和优秀的产品质量，为生产增加了亮色；传统正射影像的镶嵌线的自动选取及自动拼接，为生产节约了大量的时间和人力。像素工厂在中国、法国、日本、美国、德国都有许多成功的项目案例，得到了业内广泛的关注。

像素工厂输入传统光学扫描影像、数码影像、卫星影像和三线阵影像，在少量人工干预的条件下，经过一系列的自动化处理，输出 DSM、DEM、正射影像和真正射影像等产品，并能生成一系列其他中间产品。像素工厂系统具有 4 个用户界面：Main Window、Administrator Console、Information Console、Activity Window，所有的软件功能模块均内嵌在这 4 个界面的菜单中。像素工厂系统的数据处理是一个自动化的过程，可以对项目进度进行计划和安排，其典型工作流程如图 10-20 所示。

像素工厂可处理的数据包括各种卫星影像、各种数码航空遥感影像、ADS 系列三线阵影像以及传统胶片扫描影像。ADS 数据包含前视、下视、后视全色影像，RGB 彩色影像和近红外影像，其中：前视、下视、后视全色影像实现了

100%三度重叠,非常有利于影像自动匹配;RGB 彩色影像可生成彩色正射影像产品。

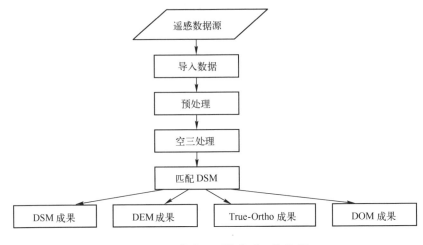

图 10-20　像素工厂的典型工作流程

像素工厂的空三处理要求所有影像必须带有 POS 数据,POS 数据主要来源于飞机上安装的惯性测量装置(IMU)和差分 GPS 接收机。IMU/GPS 组合产生的 POS 数据使得空中三角测量非常方便,甚至只用很少的地面控制点(GCP)就可以实现精确的几何定位。

像素工厂的自动匹配 DSM,不需要任何人工参与。图像数据导入到像素工厂后,系统根据一定的算法创建立体像对,并将计算量分配到多个可用的结点上并行处理。

True-Ortho 真正射影像是像素工厂最有特色的产品成果,是基于高精度数字表面模型(DSM)对高重叠率的遥感影像进行纠正而获得的。在城市区域航片的较高重叠度,能保证对某一较高建筑多视角立体匹配,获取此建筑物的周围信息。像素工厂中正射校正是全自动化和分布式的,这样的处理只需用较少的时间和人力,就能获得地面和地面上方每个点(排除了建筑物倾斜)。真正射影像的效果是一种垂直视角的观测效果,避免了一般正射影像在同一区域向不同方向倾斜的弊端。传统正射影像与真正射影像的比较如图 10-21 所示。

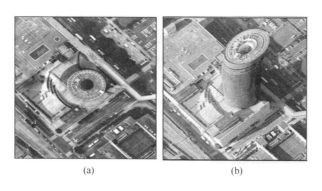

图 10-21 传统正射影像与真正射影像比较

（a）真正射影像；（b）传统正射影像。

10.4.3 高分辨率遥感影像数据一体化测图系统

高分辨率遥感影像数据一体化测图系统（PixelGrid）是由中国测绘科学研究院自主研发的"十一五"重大科技成果，获得 2009 年度国家测绘科技进步一等奖。该软件是我国西部 1∶50000 地形图空白区测图工程以及第二次全国土地调查工程的主力软件，被誉为国产的"像素工厂"。PixelGrid 以先进的摄影测量算法、集群分布式并行处理技术、强大的自动化业务化处理能力、高效可靠的作业调度管理方法、友好灵活的用户界面和操作方式，全面实现了对卫星影像数据、航空影像数据以及三线阵影像数据的快速自动处理，可完成遥感影像从空中三角测量到各种比例尺的 DEM/DSM、DOM 等测绘产品的生产任务，如图 10-22 所示。

图 10-22 高分辨率遥感影像数据一体化测图系统

PixelGrid 系统以现代摄影测量与遥感科学技术理论为基础,融合计算机技术和网络通信技术,基于旋转/缩放不变性特征多影像匹配,实现了高精度航空影像自动空三、多基线/多重特征的高精度 DEM/DSM 自动提取、等高线数据半自动采集及网络分布式编辑。PixelGrid 处理三线阵航空影像数据模块称为 PixelGrid-ADS,主要包含 4 个部分:工程设置、数据预处理、区域网平差、测绘产品生产,处理流程如图 10-23 所示。

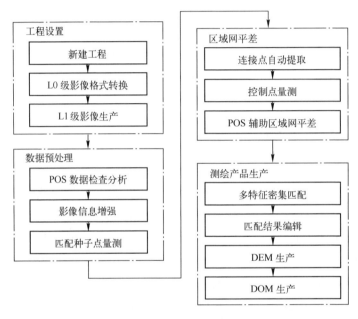

图 10-23　PixelGrid 三线阵数据处理流程

(1) PixelGrid-ADS 工程设置主要实现测区工作目录设置、引入原始数据、原始影像变形纠正等,具体功能包括工程参数设置、原始影像格式转换、L1 级影像生产等部分。

(2) PixelGrid-ADS 数据预处理主要实现对三线阵数据进行 POS 质量分析和影像信息增强,具体功能包括 POS 数据检查分析、影像信息增强和自动匹配种子点量测。

(3) PixelGrid-ADS 区域网平差主要实现三线阵数据的空中三角测量,具体功能包括连接点自动提取、控制点量测和 POS 辅助区域网平差。

(4) PixelGrid-ADS 的测绘产品生产主要实现通用的 4D 测绘产品生产,具体功能包括多特征密集匹配、匹配结果编辑、DEM 生产和 DOM 生产。

10.4.4 数字摄影测量工作站

VirtuoZo 数字摄测量工作站是根据 ISPRS 名誉会员、中国科学院资深院士、武汉大学(原武汉测绘科技大学)教授王之卓于 1978 年提出的"Fully Digital Automatic Mapping System"方案,由中国工程院院士、武汉大学张祖勋教授主持研究开发的成果。最初的 VirtuoZo SGI 工作站版本于 1994 年 9 月在澳大利亚黄金海岸(Gold Coast)推出,被认为是有许多创新特点的数字摄测量工作站(Stewart Walker & Gordon Petrie,1996),1998 年由 Supresoft 推出其微机版本。VirtuoZo 系统基于 Windows 平台利用数字影像或数字化影像完成摄影测量作业,由计算机视觉(其核心是影像匹配与影像识别)代替人眼的立体量测与识别,不再需要传统的光机仪器。该系统从原始资料、中间成果到最后产品等都是数字形式,克服了传统摄影测量只能生产单一线划图的缺点,可生产出多种数字产品,如数字高程模型、数字正射影像、数字线划图、三维透视景观图等,并提供各种工程设计所需的三维信息、各种信息系统数据库所需的空间信息。

图 10-24　武汉大学的 VirtuoZo 摄影测量系统

VirtuoZo 系统包括:基本数据管理模块 V_Basic,全自动内定向模块 V_Inor,单模型相对定向与绝对定向模块 V_ModOri,全自动空中三角测量模块 V_AAT,DEM 自动提取模块 V_DEM,正射影像生产模块 V_Ortho,立体数字测图模块 V_Digitize,卫星影像定向模块 V_RSImage,三线阵处理模块 V_AdsImage 以及 DemEdit、TINEdit、OrthoEdit、OrthoMap 等人工交互编辑工具。其各模块简介如下:

(1) 基本数据管理模块 V_Basic,实现测区建立、导入影像、设置相机、控制点。

(2) 影像内定向模块 V_Inor,通过全自动框标识别实现影像的内定向。

（3）单模型定向模块 V_ModOri，通过全自动匹配实现自动相对定向、计算机辅助下半自动控制点量测，以及绝对定向核线范围指定功能。

（4）空中三角测量模块 V_AAT，通过影像匹配实现连接点自动提取，半自动控制点量测，通过光束法平差完成空中三角测量。

（5）DEM 生产模块 V_DEM，通过核线影像密集匹配，实现 DEM 的自动提取。

（6）正射影像生产模块 V_Ortho，包括正射影像生产、拼接线编辑、正射影像修补、匀光匀色等功能。

（7）立体测图模块 V_Digitize，集成按测绘规范定义的属性符号库，实现在立体模式下的数字化地图生产。

（8）三线阵处理模块 V_AdsImage，引入 ADS 三线阵空三成果数据，建立测区立体模型，调用 DEM 生产、正射影像生产、立体测图等模块实现三线阵数据的测绘生产。

VirtuoZo 在国内已成为各测绘部门从模拟摄影测量走向数字摄影测量更新换代的主要装备，同时也被世界诸多国家和地区所采用。

VirtuoZo 处理三线阵数据的模块称为 VirtuoZo-Ads，其处理流程如图 10-25 所示。

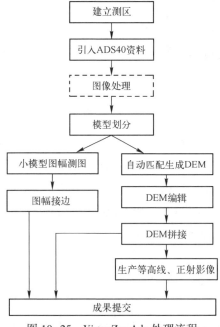

图 10-25　VirtuoZo-Ads 处理流程

10.4.5 数字摄影测量网络

数字摄影测量网格(Digital Photogrammetry Grid),DPGrid 是由中国工程院院士、武汉大学张祖勋教授提出并指导研制的具有完全自主知识产权、国际首创的新一代航空航天数字摄影测量处理平台。该系统改进了传统的摄影测量流程,集生产、质量检查、管理于一体,合理地安排人、机的工作,充分应用当前先进的数字影像匹配、高性能并行计算、海量存储与网络通信等技术,实现了航空航天遥感数据的自动化快速处理和空间信息的快速获取。其性能远远高于当前的数字摄影测量工作站,能够满足三维空间信息快速采集与更新的需要。

DPGrid 系统由自动空三与正射影像子系统和基于网络的无缝测图子系统两大部分组成。自动空三与正射影像子系统由高性能集群计算机系统与磁盘阵列组成硬件平台,是以最新影像匹配理论与实践为基础的全自动数据并行处理系统。这一部分的主要功能包括数据预处理、影像匹配、自动空三、数字地面模型以及正射影像的生成等。基于网络的无缝测图子系统 DPGrid.SLM(Seamless Mapping)由服务器+客户机组成,其中:服务器负责任务的调度、分配与监控;客户机实际上就是由摄影测量生产作业员进行"人机交互"生产线划图(DLG)的客户端。整个系统是一个分布式集成、相互协调、基于区域的网络无缝测图系统。这两部分组成的 DPGrid 系统,不仅包括快速、自动化的正射影像生产系统,而且包括等高线、地物的测绘,因此是一个"完整的、综合的解决方案"(Integrated Solution)。DPGrid 系统硬件和软件组成及界面如图 10-26 和图 10-27 所示。

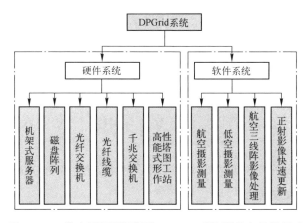

图 10-26　数字摄影测量网格 DPGrid 系统硬件和软件组成

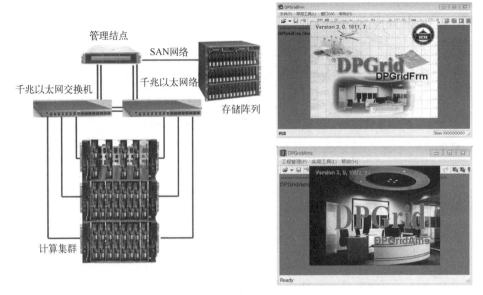

图 10-27　数字摄影测量网格 DPGrid 硬件和软件界面

DPGrid 系统的自动处理系统的硬件部分由管理结点、集群计算机（或计算机群）、磁盘阵列、千兆局域网构成。其中，管理结点主要用于管理集群计算机（或计算机群），处理设备运行软件系统的主控（任务分配）程序；集群结点负责具体的运算；磁盘阵列负责数据存储；所有设备通过高速网络相连。软件系统的运行流程是：主控（任务分配）程序根据摄影测量处理的内容，将整个处理任务分解并分发给各个计算结点；主控程序同时监控各任务的运行情况；各计算结点接受分配的任务完成具体的运算；所有数据放于高速磁盘阵列上。自动处理流程如图 10-28 所示。

DPGrid 系统具有以下特点：

（1）DPGrid 是完整的摄影测量系统，而以往的数字摄影测量工作站（DPW）仅仅是一个作业员作业的平台。

（2）应用高性能并行计算、海量存储与网络通信等技术，系统效率大大提高。

（3）采用先进的影像匹配算法，实现了自动空三、自动 DEM 与正射影像生成，自动化程度大大提高。

（4）采用基于图幅的无缝测图系统，使得多人合作协同工作，避免了图幅接边等过程，生产流程大大简化，从而大大提高作业效率。

第10章 机载线阵测绘相机图像数据处理系统

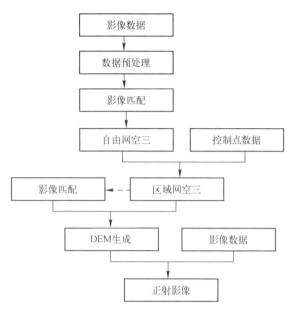

图 10-28 DPGrid 自动处理流程

DPGrid 系统针对 ADS 系列三线阵相机的数据处理称为 DPGridAds，针对 GFSXZ 国产三线阵相机的数据处理称为 DPGridAms，这两类三线阵相机的处理过程非常相似，仅仅在数据组织上有较大差异，其具体数据处理流程如图 10-29 所示。

DPGrid 三线阵相机处理的功能和特色包括：

（1）基于分布式网络并行处理，处理性能优越。

（2）可直接处理国产三线阵相机原始数据。

（3）快速生成 L1 级影像。

（4）RGB 彩色影像自动融合并产生对应的 L1 级影像。

（5）基于 L1 影像进行全测区自动匹配空三同名点。

（6）半自动控制点量测。

（7）基于 POS 辅助的光束法平差，输出 ODF 格式的外方位元素。

（8）全自动匹配生成 DEM。

（9）支持影像自动调色，生成整体正射影像。

DPGrid 系统已广泛地应用于基础测绘、城市规划、国土资源、卫星遥感、军事测量、公路、铁路、水利、电力、环保、农业等众多领域，特别在基础测绘、国土资源调查、突发灾害应急响应监测、航空航天影像高效加工等领域发挥了巨大的作用,为数字城市和智慧城市建设提供有效的基础地理信息数据支撑。

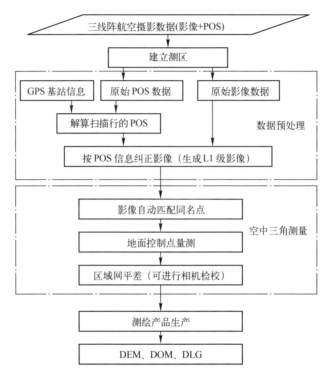

图 10-29　DPGrid 三线阵相机具体数据处理流程

第 11 章 机载线阵测绘相机外场校飞

本章对机载线阵测绘相机外场校飞流程、步骤、注意事项等进行说明。

11.1 运输

运输是外场校飞中的重要一环,所有设备在运输过程中应确保性能完好。具体来说,运输时应注意如下几点:

(1) 运输箱上锁。
(2) 注意防震标识状态。
(3) 避免空运,专人跟守,避免野蛮装卸损坏设备。
(4) 交运前进行地面通电测试和点货,确保设备正常工作,部件齐全。
(5) 到达后再次点货,并进行地面通电测试。

11.2 日常维护

日常维护注意事项如下:

(1) 保持设备按出厂顺序整齐摆放。
(2) 设备要放置在干燥的环境中,建议运输箱内放干燥剂。
(3) 保持设备整洁,安装之前打扫飞机,尽量保持环境整洁。
(4) 连接线缆注意方向和力度,避免弯折和损坏接头。
(5) 长时间库存设备时,定期对设备进行地面通电检测(半个月左右)。
(6) 严禁设备带故障工作。
(7) 严禁无关人员操作设备。

11.3 机载测绘相机的机上安装

相机的机上安装是外场校飞的关键,必须严格遵循相应的技术要求和流程方法。

11.3.1 机上安装基本技术要求

机上安装基本技术要求如下:

(1) 安装之前同机务人员沟通,确保安全用电。

(2) 输入电压 22.0~30.3V 直流。

(3) 最大电压跳动 1.4V 峰-峰值(1~15kHz)。

(4) 主电源线与设备之间接空气开关,40~50A。

(5) 设备需正确接地。

(6) 飞机试车时禁止通电,转速及电压稳定后再通电。

(7) 落地时先对设备断电,再关飞机给设备的供电口。

(8) 不可以在雷、雨、雪、沙尘等恶劣天气状况安装。

(9) 明确各部分的功率情况,明确容易发热的部件,保证机上用电安全、可靠。

(10) 保证具有良好的安装空间。

(11) 明确部件的连接关系,保证电联正确连接。

11.3.2 GPS 机上安装技术要求

GPS 上安装基本技术要求如下:

(1) 装在飞机顶部中部或尾部,远离遮挡。

(2) 天线下表面与机顶接触部位需要用橡胶皮隔开,用螺钉紧固。

(3) 天线线缆需要沿机身固定好。

(4) 注意其他 GNSS 的信号干扰,事先同机长沟通,飞行时根据需要关闭。

11.3.3 相机本体机上安装技术要求

相机本体机上安装时相对运动示意图如图 11-1 所示。

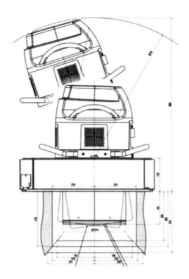

图 11-1 相机本体机上安装时相对运动示意图

由于相机本体是安装在稳定平台上,工作时稳定平台需要带动相机本体补偿载机姿态变化,因此安装时应特别小心,保证在稳定平台的补偿范围内,相机本体不会被撞到,而且相机视场角内的光线不会被遮挡。

11.3.4 稳定平台机上安装技术要求

稳定平台一般通过过渡板安装在飞机上,对过渡板具有如下要求:
(1) 几何接口满足要求。
(2) 材料一般选用优质铝合金,应具有良好的刚度。
(3) 过渡板在稳定平台的运动过程中,不得与稳定平台、相机本体等产生干涉。
(4) 过渡板与稳定平台、过渡板与飞机之间需安装牢固,避免底座和飞机发生共振而导致稳定平台高频振动或者卡死。

11.4 机上标准测试流程和方法

完成机上安装后,应对相机性能进行必要的测试,查看相机工作状态。

11.4.1 机上安装检查

机上安装一般需要进行如下检查:

(1) 装箱单所描述与实物是否对应。
(2) 地面电源是否达到要求。
(3) 确认飞机摄影窗口满足设备需求。
(4) 确认稳定平台安装牢固。
(5) 确认 GPS 天线装置无遮挡以及牢固。
(6) 确认必备工具已经备齐。
(7) 复制飞行计划文件到 U 盘。

11.4.2 通电检查

机上安装一般需要进行如下检查:
(1) 检查各部件的连接关系及开关检查状态。
(2) 依照通电顺序依次打开各部件的电源开关。
(3) 检查相机通电状态,观察相机信息提示。
(4) 根据关机断电顺序,依次关闭各部件的电源开关。

11.5 航空摄影

11.5.1 一般航摄任务流程

一般情况下,航摄任务流程如下:
(1) 确定最终成果要求,包括但不仅限于 GSD 和成图比例尺。
(2) 设计测区范围线,制定飞行计划,并对计划进行仔细检查。
(3) 选择合适的起降场地,协调飞机。
(4) 获取批文及航摄计划申报。
(5) 进场,安装调试设备,量取 GNSS 偏心分量,导入飞行计划。
(6) 星历预测,基站架设。
(7) 天气预测。
(8) 申报计划,执行任务。

需要说明的是,国家标准对不同成图比例尺的航测分辨率、旁向重叠率、分区规则等均有明确规定,航线设计应符合国家标准。

典型的航摄任务流程如图 11-2 所示。

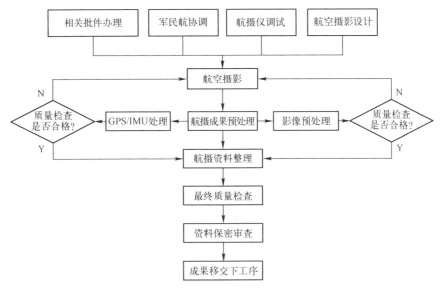

图 11-2　航空摄影流程图

11.5.2　航空摄影技术要求

1. 地面基站要求

机载线阵测绘相机需要 POS 配合使用。航空摄影时,为了提升 POS 精度,需要架设地面基站,地面基站应符合如下要求:

(1) 飞行前选址,架设在测区附近已知点上(WGS84 或者 CGCS2000)。

(2) 基站离测区最远不超过 30km。

(3) 尽量架设在空旷地区,避免遮挡和信号干扰。

(4) 电池电量保证满足单架次需要。

(5) 内存卡存储容量保证满足单架次需要。

(6) 采样频率 2Hz、天线截止角 10° 条件下量取天线高。

(7) 开始飞行前 0.5h,基站开始记录;飞行结束后 0.5h,基站方可停止记录。

2. 航空摄影过程中 GNSS 设备技术要求

(1) GNSS 设备最少收到 5 颗卫星,越多越好。

(2) PDOP 值需要小于 4。

(3) 必须在实时导航模式成功的模式下获取数据。

3. 飞行技术要求

(1) 8字飞行。在航空摄影时遇下列情况,需要进行8字飞行:起飞及降落时需要进行完整的平飞和8字飞行,确保POS数据初始的对准精度;进出测区需要平飞8字,最好离基站20km以内;跨区之间平飞超过25min需要重新进行8字飞行再进入航线;空中重启设备前后需要重新平飞8字。

(2) 控制飞行姿态。国家标准对成图比例尺时航空飞行的飞机姿态及高度变化有明确规定,飞行姿态应符合国家标准规范。

(3) 控制飞行速度。飞机的飞行速度与线阵相机行频、像移补偿、地面照度、反射率、信噪比等有关。飞行速度过快,导致相机曝光不足,信噪比较低,严重的还会导致成像模糊,影响图像质量;飞行速度过慢,航摄效率低,飞行成本偏高。

11.5.3 航摄现场快速数据预处理检查

利用处理软件对航摄影像进行快速检查,确保图像质量良好可用。如果需要补拍,应尽快进行补飞。

第 12 章 飞行案例

本章结合飞行案例对线阵测绘相机的飞行案例进行介绍。

12.1 飞行前准备

飞行试验准备的设备主要包括以下 4 种:
(1) 飞行载体:适航的飞行平台,如运-12 等。
(2) 机载传感设备:大视场三线阵立体航测相机、POS610 位置与姿态测量系统、PAV80 陀螺稳定平台等整套设备。
(3) 地面数据处理系统:数据处理需要的硬件系统,以及检校软件、POS 数据处理软件。
(4) 地面基站:用于差分 GPS 解算用的地面基站或者连续参考站系统。

该案例中使用运-12 飞行平台,如图 12-1 所示,主要技术指标如表 12-1 所列,满足 AMS-3000 相机的装机要求。

图 12-1 运-12 飞机

表 12-1 运-12 飞机主要技术指标

机长:14.86m	机高:5.575m;翼展:17.235m
展弦比:8.67	机翼面积:34.27m²;主轮距:3.6m
螺旋桨直径:2.489m	起飞质量:5000kg
最大燃油量:4700kg	最大商载质量:1700kg
最大可用油量:1230kg	最大平飞速度:328km/h(高度 3000m)
最大爬升率:9.2m/s	巡航速度:240~250km/h(高度 3000m)
实用升限:7000m	单发升限:3550m
起飞距离:385m(15m 高)	滑跑距离:315m
航程:1400km(高度 3000m)	地面最小转弯半径:16.75m

相机在飞行试验作业过程中需要地面辅助及通用设备如表 12-2 所列。

表 12-2 地面辅助及通用设备

序号	设备名称	设备明细	数量	单位	用 途
1	陀螺稳定平台	—	1	台	补偿飞行飞行姿态变化
2	地面靶标	靶标	若干	个	用于精确的后期外业控制测量刺点(如果需要)
3	地面 GPS 基站	连续参考站	1	套	机上 POS 数据事后差分解算
4	计算及存储设备	服务器	1	台	图像处理工作站
		计算机	1	台	航线规划及 POS 数据解算

12.2 数据获取流程

根据相机指标值飞行区域进行飞行轨迹规划,确定航线数据及作业相关因子,明确试飞的架次数、并选取合适的机场,按照第 11 章介绍的流程进行数据获取,相机机上安装示意图如图 12-2 所示。

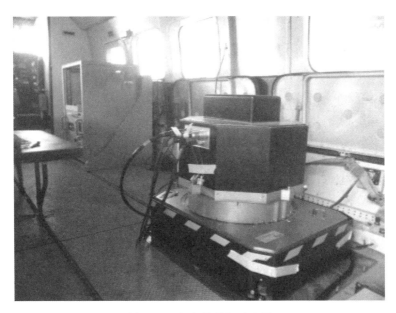

图 12-2　相机的装机示意图

12.3　数据处理

按照第 10 章介绍的流程进行数据处理,数据处理典型案例如表 12-3 所列。

表 12-3　典型案例

地面覆盖面积	224.93km²
原始影像航带数	6 航带
航向重叠情况	100%
旁向重叠情况	25%
原始影像地面分解率	0.1m
影像 POS 坐标系	WGS84,UTM
影像摄影时间	2019 年 5 月 3 日
成果坐标系统	中国 2000 坐标系统,UTM 投影
成图比例尺	1∶1000
DEM 格网间隔	5m
正射影像分解率	0.1m

航线分布及测区快视图如图 12-3 所示。

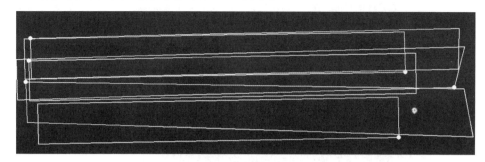

图 12-3　测区快视图

地面控制点情况如表 12-4 所列。

表 12-4　地面控制点情况

地面控制点总数	15
地面控制点精度	0.05
地面控制点坐标系统	中国 2000 坐标系统,经纬度
地面控制点高程系统	椭球高
其他说明	—

控制点分布情况如图 12-4 所列。

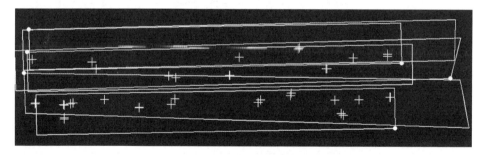

图 12-4　控制点分布情况

连接点处理情况如表 12-5 所列及图 12-5 所示。

表 12-5　连接点处理情况

有效影像数	24 张
连接点总数	85511
其他说明	—

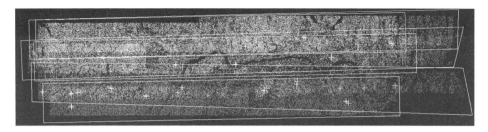

图 12-5 控制点分布情况

部分控制点量测情况如图 12-6 所示。

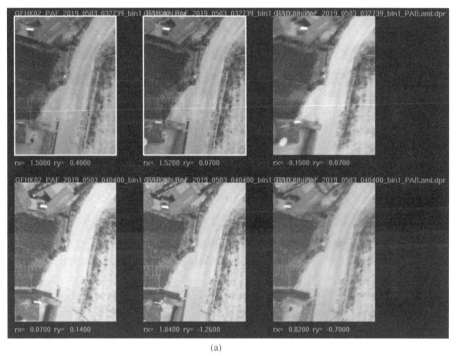

(a)

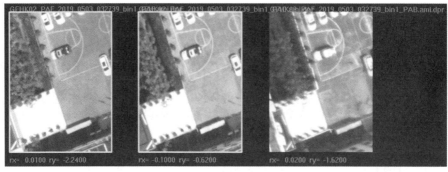

(b)

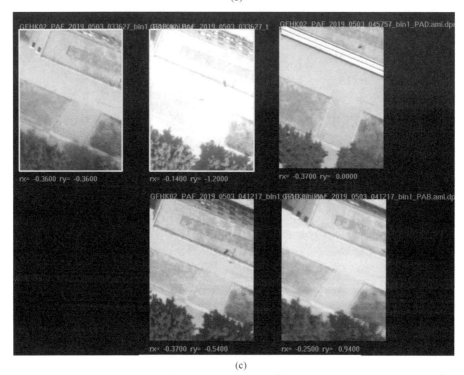

(c)

图 12-6 部分控制点量测情况

(a) 控制点 A 量测情况;(b) 控制点 B 量测情况;(c) 控制点 C 量测情况

光束法平差报告如表 12-6 所列。

表 12-6 平差报告

控制精度报告
平面精度:0.097m
高程精度:0.099m

(续)

像点网情况
2-文件夹空间点　　　　＝　17667
3-文件夹空间点　　　　＝　20333
4-文件夹空间点　　　　＝　13209
5-文件夹空间点　　　　＝　10154
6-文件夹空间点　　　　＝　12453
7-文件夹空间点　　　　＝　2222
8-文件夹空间点　　　　＝　2392
9-文件夹空间点　　　　＝　2389
10-文件夹空间点　　　＝　1309
11-文件夹空间点　　　＝　1370
12-文件夹空间点　　　＝　2013
总地面点　　　　　　　＝　85511
平均地面分辨率　　　　＝　0.087
均方根误差：0.00403
max_x：0.61864　　imageID：1084
max_y：1.08784　　imageID：749

测区成果如图 12-7 所示。

图 12-7　测区成果

参考文献

[1] 丁亚林. 航空相机专题文章导读[J]. 光学精密工程,2007,15(11):1774-1795.

[2] 许永森. 国外传输型航空相机的发展现状与展望[J]. 光机电信息,2010,27(12):38-43.

[3] 李永昆. 国外远距离斜视航空相机发展概况[J]. 航天返回与遥感,2017,38(06):15-22.

[4] 李波,孙崇尚,田大鹏,等. 国外航空侦察相机的发展情况[J]. 现代科学仪器,2013,(2):24-27.

[5] 李海星. 国外航空光学测绘装备发展及关键技术[J]. 电子测量与仪器学报,2014,28(5):469-477.

[6] 曾兴玉. 国外航空测绘相机的发展情况研究[J]. 江西测绘,2015,(03):32-34.

[7] 刘威力. ADS100航空摄影测量系统特点和应用[J]. 黑龙江科技信息,2015,(8):18.

[8] 远国勤. 遥感相机标定与对地测量[M],长春:吉林出版集团股份有限公司,2019:1-100.

[9] 李延伟. 高空无人机载光学传感器热控技术研究[D]. 北京:中国科学院研究生院,2013.

[10] 赛达·奥伦奇-麦米克. 集成电路热管理:片上和系统级的检测与冷却[M]. 朱芳波,译. 北京:机械工业出版社,2018.

[11] Rainer Sandu. Digital Airborne Camera Introduction and Technology [M]. Dordrecht:Springer,2010.

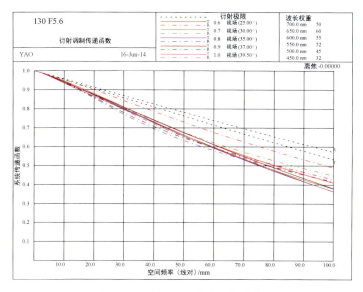

图 4-2 光学系统传递函数曲线

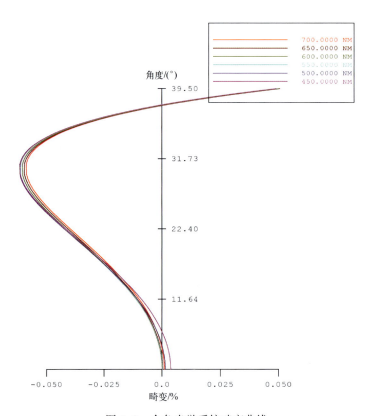

图 4-3 全色光学系统畸变曲线

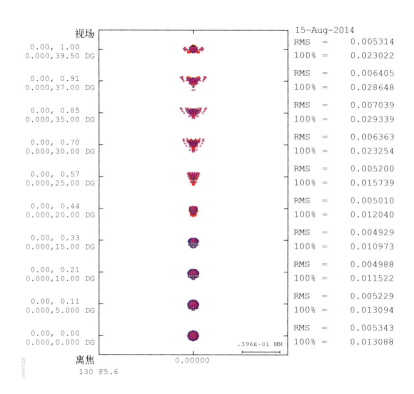

图 4-4 全色光学系统点列图

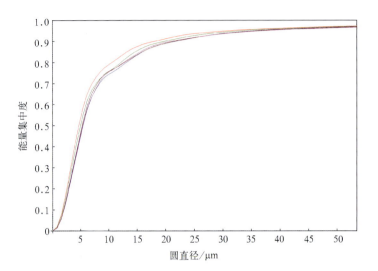

图 4-5　全色光学系统能量集中度曲线

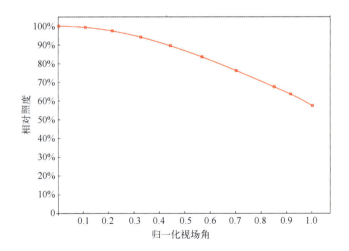

图 4-6　全色光学系统相对照度曲线

表 4-2 不同温度情况下的 MTF 曲线、畸变曲线及主距

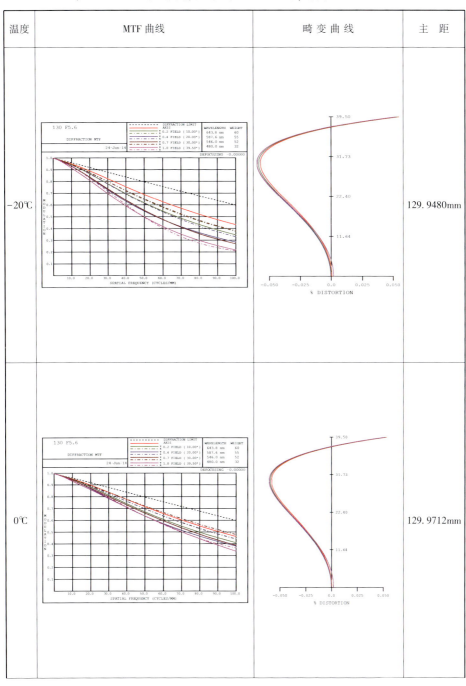

（续）

温度	MTF 曲线	畸变曲线	主　距
10℃			129.9828mm
20℃			129.9944mm

(续)

温度	MTF 曲线	畸变曲线	主距
40℃	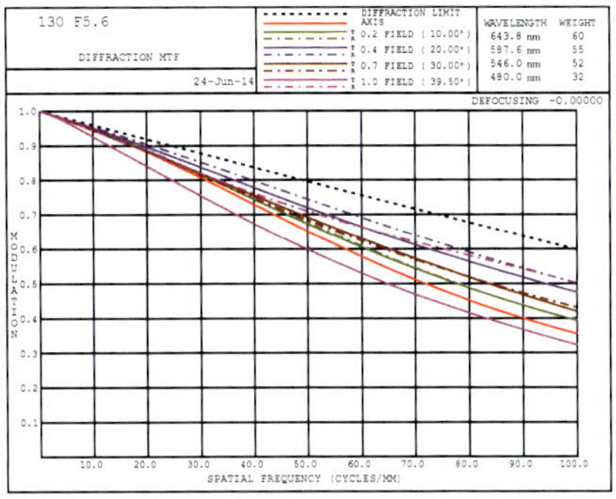	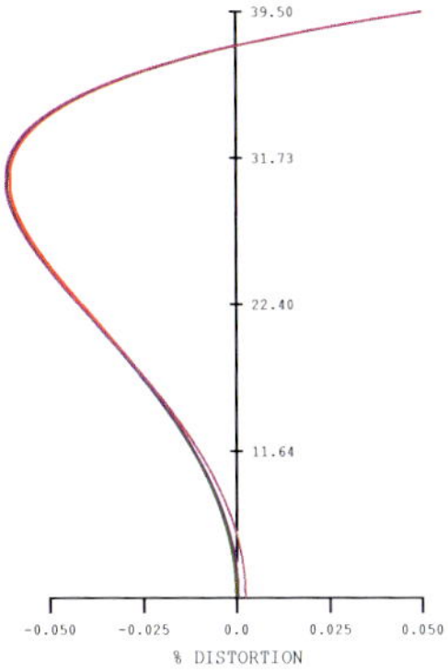	130.0176mm
60℃	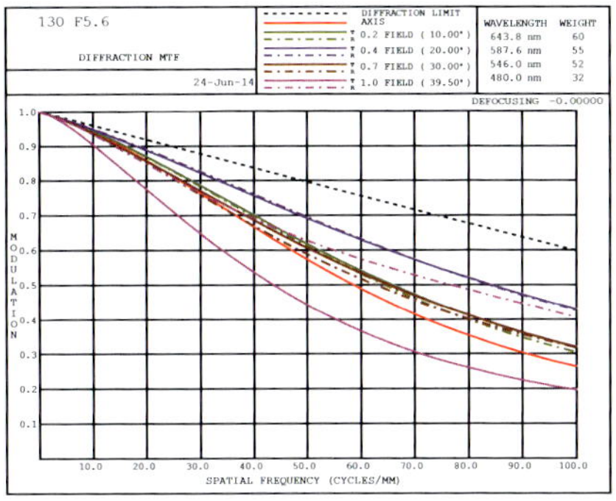	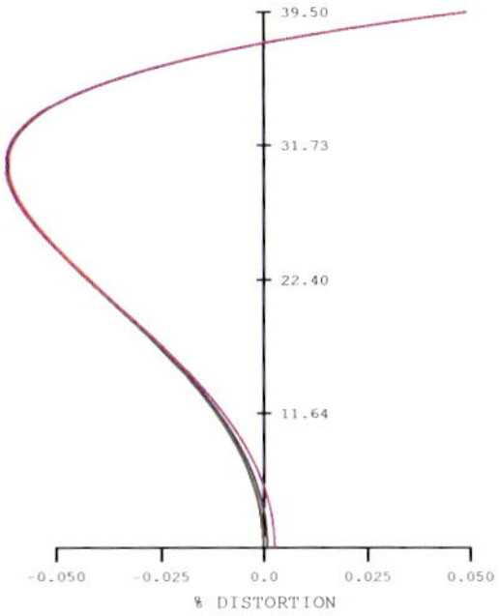	130.0408mm

彩7

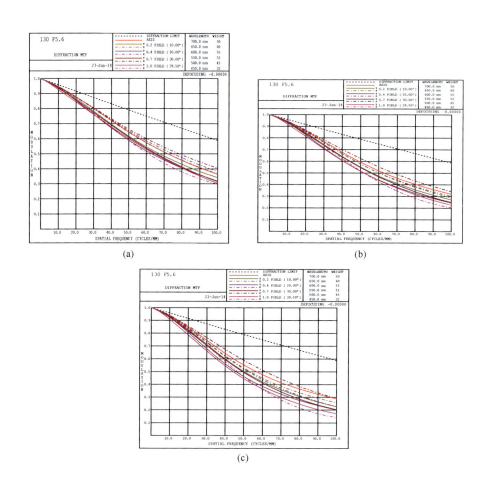

图 4-7 不同海拔高度情况下系统传递函数

（a）海拔 500m；（b）海拔 800m；（c）海拔 1000m。

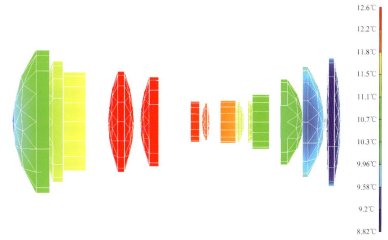

图 5-14 低温工况工作 5h 后透镜组件温度云图

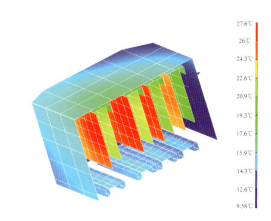

图 5-15 低温工况工作 5h 结束时焦平面组件温度云图

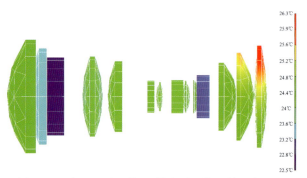

图 5-16 高温工况工作 5h 结束时透镜组件温度云图

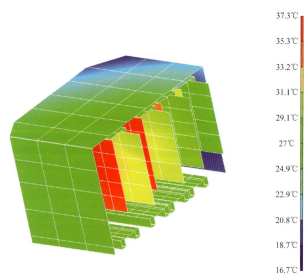

图 5-17 高温工况工作 5h 结束时焦平面组件温度云图

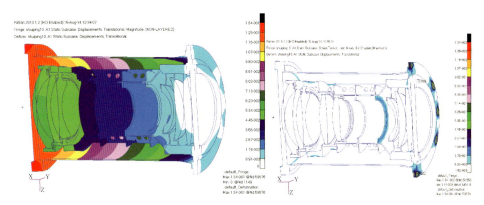

图5-21 垂直光轴方向变形及应力分析

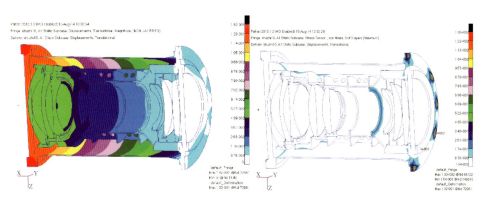

图5-22 水平光轴方向变形及应力分析

彩11

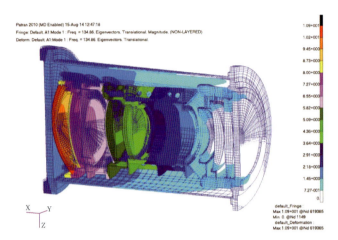

图 5-23　第 1 阶振型(134.9Hz)

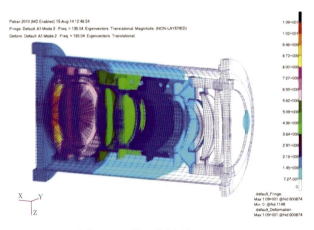

图 5-24　第 2 阶振型(135Hz)

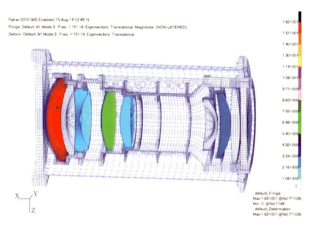

图 5-25　第 3 阶振型(151.2Hz)

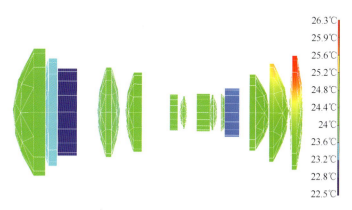

图 7-7　高温工况 5h 航程结束时透镜组温度云图

彩13

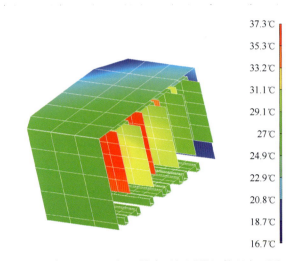

图 7-8　高温工况 5h 航程结束时探测器组件温度云图

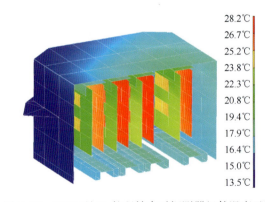

图 7-10　0℃工况 5h 航程结束时探测器组件温度云图

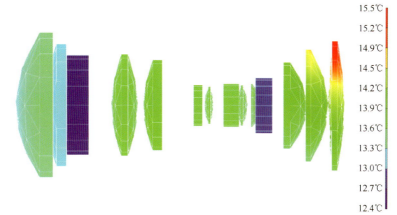

图 7-11　0℃工况 5h 航程结束时透镜组温度云图

图 7-16　低温工况 5h 航程结束时透镜组温度云图

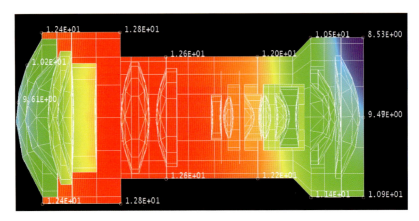

图 7-17　低温工况 5h 航程结束时镜筒温度云图

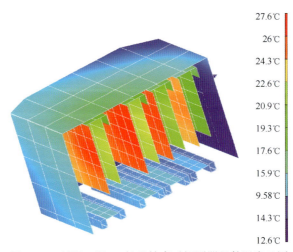

图 7-18　低温工况 5h 航程结束时探测器组件温度云图

彩16